Descartes über Mathematik, Methode und Bewegung

Ladislav Kvasz

Descartes über Mathematik, Methode und Bewegung

Über die Rolle der kartesischen Physik in der wissenschaftlichen Revolution

Springer VS

Ladislav Kvasz
Institut für Philosophie
Tschechische Akademie der
Wissenschaften
Prag, Tschechien

ISBN 978-3-032-04683-3 ISBN 978-3-032-04684-0 (eBook)
https://doi.org/10.1007/978-3-032-04684-0

Die Deutsche Nationalbibliothek verzeichnet diese Publikation in der Deutschen Nationalbibliografie; detaillierte bibliografische Daten sind im Internet über https://portal.dnb.de abrufbar.

Dieses Buch ist eine Übersetzung des Originals in Englisch „Descartes on Mathematics, Method and Motion“ von Ladislav Kvasz, publiziert durch Springer Nature Switzerland AG im Jahr 2024. Die Übersetzung erfolgte mit Hilfe von künstlicher Intelligenz (maschinelle Übersetzung). Eine anschließende Überarbeitung im Satzbetrieb erfolgte vor allem in inhaltlicher Hinsicht, so dass sich das Buch stilistisch anders lesen wird als eine herkömmliche Übersetzung. Springer Nature arbeitet kontinuierlich an der Weiterentwicklung von Werkzeugen für die Produktion von Büchern und an den damit verbundenen Technologien zur Unterstützung der Autoren.

Springer VS ist ein Imprint der eingetragenen Gesellschaft Springer Nature Switzerland AG und ist ein Teil von Springer Nature.
Die Anschrift der Gesellschaft ist: Gewerbestrasse 11, 6330 Cham, Switzerland

Vorwort

Descartes' wissenschaftliches Werk ist weiterhin Gegenstand neuer Interpretationen. Eine davon wurde von John Schuster in *Descartes Agonistes, Physico-Mathematics, Method and Corpuscular-Mechanism 1618–1633* (Schuster 2013a) vorgestellt. Schuster beschreibt dort die ersten 15 Jahre von Descartes' Laufbahn als eine Entwicklung, die von der chimärischen Vision der *mathesis universalis* über deren Ausarbeitung zu einer illusorischen Universal-Methode bis hin zum späteren Scheitern solcher jugendlicher Träume führt, als Descartes um 1628 die Undurchführbarkeit seines Projekts erkannte, Wissen auf mathematische Grundlagen zu stellen. Nach Schuster entwickelte sich Descartes so vom jungen Mathematiker zu dem systematischen philosophischen Systembauer, den wir aus seinen reifen Werken kennen. Ähnliche Ansätze wurden auch von anderen Autoren vertreten, doch Schusters Buch ist insofern außergewöhnlich, als es diese Sichtweise klar und deutlich formuliert, detaillierte Argumente präsentiert und diese mit Zitaten aus Descartes' Manuskripten und Korrespondenz untermauert. Es war der provokante Inhalt, der klare Stil und die Tatsache, dass mehrere im Buch vertretene Thesen die Mehrheitsmeinung der Wissenschaftshistoriker widerspiegeln, die mich dazu veranlasst haben, eine Erwiderung auf Schusters Buch zu verfassen. Ich möchte zeigen, dass Descartes' Vision einer universellen Mathematik keine Chimäre war und dass seine Universal-Methode nicht gescheitert ist, sondern in Form seiner Physik erfolgreich vollendet wurde. Im Sinne des Untertitels von Daniel Garbers *Descartes Embodied* (Garber 2001), *„Reading Cartesian Philosophy Through Cartesian Science"*, kann mein vorliegendes Buch als ein weiterer Schritt in die von Garber eingeschlagene Richtung verstanden werden: *Reading Cartesian Science Through Cartesian Mathematics*. Dennoch ist diese Monographie nicht bloß eine polemische Antwort auf Schusters Ansichten. Die Fehlinterpretation der kartesischen Physik, die das zentrale Ergebnis von Schusters Rekonstruktion darstellt, scheint eines der Haupthindernisse für eine epistemologische Rekonstruktion der Entstehung der frühneuzeitlichen Wissenschaft zu sein.

Descartes' Physik ist vielleicht der am wenigsten verstandene Teil seines wissenschaftlichen Werks. Es mangelt nicht an detaillierten Analysen – man kann etwa William Sheas *The Magic of Numbers and Motion, The Scientific Career of*

René Descartes (Shea 1991); Daniel Garbers *Descartes' Metaphysical Physics* oder *Descartes Embodied, Reading Cartesian Philosophy Through Cartesian Science* (Garber 1992, 2001); Stephan Gaukrogers *Descartes' System of Natural Philosophy* (Gaukroger 2003); Desmond Clarkes *Descartes. A Biography* (Clarke 2006); oder John Schusters *Descartes Agonistes* (Schuster 2013a) heranziehen, um zu sehen, dass Descartes' Physik ein Gegenstand anhaltenden Interesses ist. Ebenso kann man die Sammelbände *Descartes, Philosophy, Mathematics and Physics* (Gaukroger Hrsg. 1980); *The Cambridge Companion to Descartes* (Cottingham Hrsg. 1992); *Essays on the Philosophy of Science of René Descartes* (Voss Hrsg. 1993); *Descartes' Natural Philosophy* (Gaukroger, Schuster und Sutton Hrsg. 2000); oder *A Companion to Descartes* (Broughton und Carriero Hrsg. 2008) betrachten. Das Problem dieser Werke besteht jedoch darin, dass sie Descartes' Physik als Naturphilosophie interpretieren, also als eine diskursive Disziplin, die in einer alternativen Entwicklungslinie zur mathematischen Physik steht, wie sie üblicherweise mit den Arbeiten von Galileo, Huygens und Newton verbunden wird.[1] Meiner Ansicht nach ist diese Interpretation von Descartes' Physik verfehlt. Sie beeinflusst auch das Verständnis von Descartes' Methode in den *Regulae ad directionem ingenii* (Descartes 1701) und seinem *Discours de la Methode* (Descartes 1637a) sowie seiner *mathesis universalis.*

Obwohl die Deutung der Physik Descartes' als eine diskursive Disziplin heute vorherrschend ist, ist dies nicht die einzige Sichtweise. Es gibt eine Alternative, vertreten durch die bahnbrechende Arbeit von Alan Gabbey, *Force and Inertia in the 17th Century: Descartes and Newton* (Gabbey 1980). Gabbey zeigte, dass hinter Descartes' Regeln zur Beschreibung von Kollisionen zwischen Körpern ein konsistentes mathematisches Modell steht, das, obwohl es in einigen Fällen zu fehlerhaften Ergebnissen führt, dennoch mit ausreichender Klarheit aus Descartes' Schriften herausgearbeitet werden kann. In *The mathematization of nature and Cartesian physics* (Kvasz 2003) und *Galileo, Descartes, and Newton – Founders of the Language of Physics* (Kvasz 2012) habe ich Gabbeys Interpretation der Descartesschen Kollisionsregeln als Ausgangspunkt für die Rekonstruktion der gesamten kartesischen Physik verwendet. Gabbeys Arbeit fand jedoch keine Zustimmung bei den Wissenschaftshistorikern; sie hielten es nicht einmal für nötig, sie zu widerlegen.[2]

---

[1]Eine Begründung für diese Interpretation lieferte Alan Nelson in seinem Artikel *Descartes on the limited usefulness of mathematics* (Nelson 2019). Im Gegensatz zu Garber, Gaukroger und Schuster, die der Ansicht sind, Descartes habe versucht, physikalische Phänomene mathematisch zu beschreiben, und sei daran gescheitert, argumentiert Nelson, dass Descartes Mathematik für die Naturphänomene als nicht anwendbar betrachtete. Nach Nelson meint Descartes mit mathematischer Erklärung lediglich, dass wissenschaftliche Begründungen auf der gleichen Art von Argumentation beruhen wie die Mathematik.

[2]So verweist beispielsweise Schuster auf Gabbeys Arbeit (siehe Schuster 2013a, S. 597). Dennoch stellte der Inhalt von Gabbeys Werk Schusters gesamte Interpretation der Naturphilo-

Das nahezu vollständige Ignorieren der alternativen Interpretation von Descartes' Physik durch Gabbeys Kollegen mag darauf zurückzuführen sein, dass sie ohne eine explizite Auseinandersetzung mit der Mainstream-Position formuliert wurde. Es ist an der Zeit, diese Strategie zu ändern und die alternative Interpretation von Descartes' Physik als direkte Herausforderung an die vorherrschende Sichtweise zu präsentieren: Für eine solche Konfrontation bietet Schusters *Descartes Agonistes* einen idealen Ausgangspunkt. Das Werk ist sorgfältig ausgearbeitet, seine Thesen sind gründlich argumentiert und werden durch Textbelege aus Descartes' veröffentlichten Schriften, Manuskripten und Korrespondenz untermauert. Vor allem aber unterzieht Schuster Descartes' Ansichten einer präzisen historischen und philosophischen Rekonstruktion, sodass die Entwicklung von Descartes' Positionen von Schuster wie ein Schachspiel dargestellt wird, bei dem jeder Zug das Ergebnis der durch die vorherigen Züge geschaffenen Situation ist. Schusters Buch ist ein ideales Gegenüber für die Darstellung der alternativen Interpretation: Es ermöglicht uns, genau zu bestimmen, wo und warum mein Verständnis von Descartes von der Mainstream-Interpretation abweicht. Die Interpretation von Descartes' Physik in (Kvasz 2012) war lediglich eine Alternative, die neben den Ansichten von Autoren wie Garber, Gaukroger und Shea stand. Schusters Buch macht es möglich, die Gründe für die Abkehr von der Mainstream-Position zu erläutern, diese Gründe mit detaillierten Argumenten zu untermauern und so die alternative Interpretation von Descartes' Physik in den Kontext der vorherrschenden Sichtweise zu stellen. Ich werde darlegen, warum die Mainstream-Position, trotz des Konsenses führender Philosophie- und Wissenschaftshistoriker, irrt, wenn sie Descartes' Physik als Naturphilosophie interpretiert.

Meiner Ansicht nach liegt die Hauptursache dieses Fehlers in der Unschärfe des Begriffs der Mathematisierung. Historiker lesen die Werke der wichtigsten *historischen Persönlichkeiten* wie Galilei und Newton und analysieren die Rolle, die die Mathematik darin spielt. So gelangte beispielsweise Alexandre Koyré zu seiner berühmten These, dass die Geometrisierung des Kosmos ein Schlüsselmoment der wissenschaftlichen Revolution war. Dem vorliegenden Werk liegt jedoch ein ganz anderer Zugang zum Verständnis des Begriffs der Mathematisierung zugrunde. Ich habe unsere *zeitgenössische mathematische Physik* betrachtet und versucht zu verstehen, wie die moderne Physik die Natur mathematisiert. Aus dieser Perspektive erscheint die Mathematisierung dynamischer Prozesse mittels Differentialgleichungen als entscheidender Schritt.

---

sophie Descartes' in Frage. Schuster behauptet, der mathematische Aspekt von Descartes' Werk sei seinen Zeitgenossen und späteren Gelehrten verborgen geblieben. Dass dem nicht so ist, zeigt sich an Newtons *Principia*, die zumindest teilweise als Reaktion auf die in Descartes' System enthaltenen Widersprüche verfasst wurden (vgl. Janiak 2015, Kap. 4, *Newton's struggle with Descartes*). Der mathematische Aspekt von Descartes' Werk kann Newton kaum verborgen geblieben sein, wenn er explizit darauf reagiert hat. Ebenso wird Gabbey in (Schuster 2013b, S. 86) erwähnt, jedoch wiederum ohne dass Schuster bereit wäre, den technischen Gehalt von Gabbeys Arbeit zu erläutern.

Ob Elektrodynamik, Thermodynamik, Hydrodynamik oder Quantenmechanik – die Physiker tun im Grunde immer dasselbe: Sie verwenden Differentialgleichungen, um die *zeitliche Entwicklung des Zustands* eines physikalischen Systems zu beschreiben. Es scheint also, dass Mathematisierung nicht einfach ein Übergang vom Kosmos zum unendlichen Universum war. Um die Ursprünge der mathematischen Physik zu verstehen, ist es daher nicht hilfreich, die Geometrisierung des Raums zu analysieren. Wir müssen uns auf die *Mathematisierung des Zustandsbegriffs* und das Entstehen einer *mathematischen Beschreibung seiner zeitlichen Entwicklung* konzentrieren.

Diese Monographie ist daher nicht historisch, sondern epistemologisch. Meiner Ansicht nach gibt es genügend hervorragende historische Rekonstruktionen von Descartes' wissenschaftlichem Werk. Man kann etwa die bereits erwähnten Arbeiten von Shea, Gaukroger, Garber und Clark heranziehen: Sie sind mit höchster historischer Gelehrsamkeit und Einsicht verfasst. Wenn ich behaupte, dass sie das Gesamtbild der kartesischen Physik missverstehen (indem sie ihr den Status einer mathematischen Physik absprechen und sie somit von der Entwicklung von Galilei zu Newton ausschließen), so liegt das nicht an einem übersehenen Manuskript oder Briefwechsel. Das Problem ist eher epistemologischer als historischer Natur. Meiner Ansicht nach sind die Ursachen für dieses Missverständnis des Gesamtcharakters der kartesischen Physik zweifacher Art. Eine Ursache liegt darin, dass nicht klar erkannt wird, worum es bei der Mathematisierung im 17. Jahrhundert tatsächlich ging – nämlich um die *Mathematisierung der Bewegung*. Die zweite Ursache liegt im Mangel an Klarheit darüber, was eine Mathematisierung der Bewegung eigentlich bedeutet. Nach meiner Auffassung bestand die Mathematisierung der Bewegung im 17. Jahrhundert in drei grundlegenden Veränderungen der Sprache, mit deren Hilfe wir Bewegung beschreiben; diese Veränderungen lassen sich charakterisieren als die Einführung in die Sprache der Physik (oder, wenn man so will, der Naturphilosophie) von (a) einer neuen Art der *relationalen Synthese,* (b) einer neuen Art der *kompositorischen Synthese* und (c) der Einführung einer neuen Art der *deduktiven Synthese.*

Physiker des siebzehnten Jahrhunderts führten in die Sprache der Physik die Möglichkeit einer neuen Art von *relationaler Synthese* ein: Durch die Quantifizierung (d. h. Mathematisierung) verschiedener Aspekte natürlicher Phänomene wurde es möglich, Beziehungen zwischen solchen Aspekten auszudrücken, die dem herkömmlichen, qualitativen Ansatz entgehen. So konnte beispielsweise erst durch die Quantifizierung von Druck und Temperatur ihre lineare Proportionalität bei Gasen entdeckt werden.[3] So wurden Phänomene, die auf qualitativer

[3]Die Beziehung zwischen Temperatur und Druck spielt bei einer Schallwelle eine wichtige Rolle, und ihre Vernachlässigung führte dazu, dass Newton einen falschen Wert für die Schallgeschwindigkeit ableitete. Daher ist die Fähigkeit, die Beziehungen zwischen den quantitativen Aspekten von Phänomenen auszudrücken, entscheidend für eine mathematische Beschreibung der Bewegung (z. B. der Schallwelle).

Ebene als nicht zusammenhängend erschienen, durch eine einfache algebraische Gleichung miteinander verknüpft. Die Fähigkeit, verschiedene Aspekte natürlicher Phänomene in mathematische Beziehungen zu setzen, die ich als *relationale Synthese* bezeichnen möchte, ist ein zentrales Merkmal der Mathematisierung.

Ähnlich führten Physiker im siebzehnten Jahrhundert in die Sprache der Physik die Mittel für eine neue Art der *kompositorischen Synthese* ein – das heißt, die Fähigkeit, die Bewegung eines Systems wechselwirkender Körper als ein einheitliches dynamisches System zu beschreiben, anstatt lediglich, wie in der aristotelischen oder galileischen Physik, die Bewegungen isolierter Objekte nebeneinanderzustellen. Die Physik wurde somit im siebzehnten Jahrhundert in die Lage versetzt, die Bewegungen einzelner Körper zu einer einheitlichen Dynamik *zusammenzusetzen.* Schließlich führten sie auch die Mittel für eine neue Art der *deduktiven Synthese* in die Sprache der Physik ein – das heißt, die Fähigkeit, den Zustand eines dynamischen Systems zu jedem zukünftigen Zeitpunkt auf Grundlage der Kenntnis seines gegenwärtigen Zustands und der auf es wirkenden Kräfte zu berechnen.

Die Mathematik besitzt ihre eigene Art der *relationalen, kompositorischen* und *deduktiven Synthese.* In der euklidischen Geometrie wird die *relationale Synthese* durch die Proportionenlehre bereitgestellt, die auch inkommensurable Größen miteinander in Beziehung setzen kann; die *kompositorische Synthese* ergibt sich aus den fünf Postulaten, die es erlauben, Punkte, Geraden und Kreise zu kombinieren, um zusammengesetzte geometrische Figuren zu konstruieren; und die *deduktive Synthese* wird durch die Axiome und andere Regeln logischer Schlussfolgerung gewährleistet. Die Physik unterscheidet sich von der Mathematik dadurch, dass sie eine andere Art von relationaler, kompositorischer und deduktiver Synthese besitzt. Die Physik muss Bewegung verstehen, daher verwendet sie anstelle von *atemporalen* Proportionen algebraische Formeln als Mittel der relationalen Synthese (wobei die Zeit als eine der Größen betrachtet werden kann). In ähnlicher Weise konstruiert die Physik, anstatt eine Figur aus einfachen Elementen aufzubauen, eine Darstellung des dynamischen Zustands (um nicht nur die räumliche Konfiguration, sondern auch den dynamischen Aspekt der Komponenten zu erfassen), und anstelle der deduktiven Synthese als Netzwerk logischer Schlüsse sucht die Physik nach den zeitlichen Konsequenzen eines Zustands, die mittels einer Differentialgleichung erschlossen werden. Bei der Entwicklung *ihrer eigenen* relationalen, kompositorischen und deduktiven Synthese *nutzt die Physik die Mathematik* als Mittel, um diese neuen Formen der Synthese zu erreichen.

Aus erkenntnistheoretischer Sicht bedeutet die Beschreibung der Mathematisierung der Natur die Beschreibung der Mathematisierung der *Bewegung,* das heißt, die Beschreibung der Entstehung einer Sprache mit dieser neuen, *physikalischen* relationalen, kompositorischen und deduktiven Synthese. Diese Sprache ermöglicht es, die zeitliche Entwicklung des Zustands eines physikalischen Systems zu berechnen. Alles andere sind nebensächliche Details. Meiner Ansicht nach beschreiben die zahlreichen Werke der genannten Philosophie- und Wissenschaftshistoriker nicht den Prozess der Mathematisierung, sondern konzentrieren sich auf interessante, überraschende, im Ganzen jedoch randständige Begleiterscheinungen. Erst wenn wir unsere Aufmerksamkeit auf den erkenntnistheoretischen Kern des Mathematisierungsprozesses richten, werden wir Descartes' Beitrag zur Physik verstehen können. Wenn wir unter *Mathematisierung* etwas anderes verstehen als die Schaffung der Sprache unserer heutigen mathematischen Physik, sind wir zum Scheitern verurteilt. Deshalb befasst sich diese Monographie nicht in erster Linie mit Wissenschaftsgeschichte, sondern ist ein Versuch zu verstehen, warum historische Analysen so häufig das Wesentliche verfehlen. Schusters Buch nehme ich als Spiegel, in dem dieses Scheitern mit bisher unerreichter Deutlichkeit sichtbar wird.

In Kap. 1 stelle ich Schusters Interpretation von Descartes' *mathesis universalis,* seiner Methode und seiner Naturphilosophie vor. Um anschließend die Gründe für meine Abweichung von der gängigen Deutung der kartesischen Wissenschaft, wie sie exemplarisch in Schusters Buch vertreten wird, zu verdeutlichen, stelle ich viermal die sokratische Frage: τι εστι (Was ist es)? Ich bin überzeugt, dass das Missverständnis von Descartes' Physik auf einem Mangel an Klarheit über ihre Grundbegriffe beruht, insbesondere auf einer Unklarheit darüber, was es bedeutet, dass eine Disziplin „mathematisch" ist. Nachdem ich die Fragen τι εστι Descartes, τι εστι *mathesis universalis,* τι εστι Methode und τι εστι mathematische Physik (in den Kap. 2–5) beantwortet habe, fasse ich in Kap. 6 die Argumente zugunsten der These, dass Descartes' Physik eine mathematische Physik ist, kurz zusammen. In Kap. 7 kehre ich zu Schusters Interpretation zurück, mit dem Ziel, seine Thesen zu widerlegen, dass Descartes' Projekt der *mathesis universalis* gescheitert sei, seine Methode auf einer literarischen Illusion beruhe und seine Physik diskursiv und daher nicht mathematisch sei.

Prag, Tschechische Republik Ladislav Kvasz

Danksagungen

Dieses Buch ist Teil des Projekts *Formal Epistemology – Future Synthesis,* das großzügig durch das *Praemium Academiae-Programm* am Philosophischen Institut der Tschechischen Akademie der Wissenschaften gefördert wird. Ich möchte Donald Gillies, Matyáš Havrda, Róbert Maco und Michael Pockley für ihre wertvollen Anmerkungen zu einer früheren Version des Manuskripts danken, die zur Klärung mehrerer Punkte beigetragen haben.

Inhaltsverzeichnis

Kapitel 1
Schusters Interpretation von Descartes im *Descartes Agonistes*

Die meisten Wissenschaftshistoriker stellen die von Descartes verbal formulierte (und in vielerlei Hinsicht fehlerhafte) Physik der mathematischen Physik Galileis und Newtons gegenüber. Garber bezeichnete Descartes' Physik als „metaphysische Physik". Nicht *mathematische* Physik, sondern *metaphysische* Physik (siehe Garber 1992). Schuster übernimmt diese Sichtweise, bezeichnet Descartes' Physik konsequent als „Naturphilosophie" und schreibt: „Descartes' korpuskular-mechanischer Diskurs war genau das, ein *Diskurs,* die Erklärungen waren stets verbal, qualitativ und diskursiv. … Jede Ausprägung und jedes Beispiel einer Naturphilosophie – von der Zeit des Aristoteles, Platon und der Atomisten über Descartes bis hin zur Auflösung der Naturphilosophie als kulturelle Form im späten achtzehnten und frühen neunzehnten Jahrhundert – war ein diskursives Gebilde und niemals per se ein mathematisches." In einer Fußnote fügt er hinzu: „Allerdings war kein nachhaltiges System der Naturphilosophie jemals mathematisch, noch konnte es das sein" (Schuster 2013a, S. 334).

Ich werde zeigen, dass Descartes' Physik trotz ihrer verbalen Formulierung eine mathematische Physik war. Sie überwand grundlegend die Begrenzungen der galileischen Wissenschaft und bildete in vieler Hinsicht den Ausgangspunkt für Newtons Innovationen. Die Gründe, warum Wissenschaftshistoriker den mathematischen Charakter von Descartes' Physik bestritten haben, liegen in einem Missverständnis von Descartes' *mathesis universalis.* Ein Ausdruck dieses Missverständnisses ist die Tatsache, dass Historiker Descartes' *mathesis universalis* abwechselnd mit Algebra, mit analytischer Geometrie oder mit der analytischen Methode gleichsetzen. Diese Gleichsetzungen sind teilweise korrekt: Die *mathesis universalis* enthielt die Keime sowohl der symbolischen Algebra als auch der analytischen Geometrie, und eine ihrer Folgen war die analytische Methode. Allerdings identifizieren diese drei Sichtweisen die *mathesis universalis* mit etablierten mathematischen Disziplinen oder Methoden, also Algebra, analytischer Geometrie und analytischer Methode: Sie verkennen den innovativen Charakter seiner *mathesis.*

Ich bin der Ansicht, dass das Verständnis des innovativen Charakters der *mathesis universalis* eine Voraussetzung dafür ist, zu begreifen, inwiefern Descartes' Physik mathematisch ist. Das Fehlen eines solchen Verständnisses bildet die

L. Kvasz, *Descartes über Mathematik, Methode und Bewegung*,
https://doi.org/10.1007/978-3-032-04684-0_1

Grundlage für Schusters Darstellung von Descartes. Schuster charakterisierte den jungen Descartes als Begründer einer neuen Disziplin, die er „Physiko-Mathematik" nannte.[1] Nach einer ausführlichen Interpretation von Descartes' Physiko-Mathematik wandte sich Schuster einer Deutung seiner *mathesis universalis* zu, die er als gescheitertes Projekt darstellte. Allerdings nennt er an keiner Stelle die Gründe, warum er dies für zutreffend hält.[2] Er behauptet lediglich, Descartes habe um 1628 das Scheitern des *mathesis universalis*-Projekts erkannt, als er die Arbeit an den *Regulae* einstellte und sich der Naturphilosophie zuwandte. Schuster bezeichnet Descartes' Äußerungen zur Methode als „Methodenrede" und interpretiert sie als eine Art Rhetorik, mit der Descartes das Scheitern seiner *mathesis universalis* verschleierte. Nach einer Übergangsphase, so Schuster, habe er die Mathematik aufgegeben und ein System der Naturphilosophie geschaffen.

Bezüglich des Stils des jungen Descartes behauptet Schuster: „Dieser Erklärungsstil besteht im Grunde aus einer zusammenhängenden Abfolge von adhoc-Manipulationen. Die Manipulationen geben sich als Klärungen aus, während sie in Wirklichkeit einen fortschreitenden Verlust des Bezugs zu den ursprünglichen Zielen des Problems bewirken. Sie kreisen um sich selbst, bilden ein oberflächlich geordnetes Diskursuniversum, das zunehmend irrelevant für das eigentliche Problem wird und von jeder fruchtbaren Rückbindung an neue empirische

[1] Die Wahl dieses Namens für den Stil des jungen Descartes ist nicht neutral. So bezeichnete Isaac Beeckman die neue Disziplin, in die er den jungen Descartes bei ihrer Begegnung 1618 eingeführt hatte. Descartes bestritt später jede Abhängigkeit von Beeckman. Schusters Wahl dieses Namens lehnt sich an Beeckmans (wohl sachlich zutreffendere) Darstellung der Ereignisse von 1618 an (siehe van Berkel 2000). Indem Schuster Descartes' frühe Arbeiten als Physiko-Mathematik bezeichnet, bereitet er eine bestimmte Interpretation der Entwicklung von Descartes' Ansichten vor. Schuster versteht Physiko-Mathematik als Teil einer breiteren Strömung der Wissenschaft des siebzehnten Jahrhunderts, die seiner Ansicht nach in der *Physikalisierung* der gemischten mathematischen Disziplinen der antiken Wissenschaft, wie Astronomie und Optik, sowie in einer Bewegung von mathematischer Abstraktion zu physischer Konkretheit bestand. Dies ermöglicht es Schuster, Descartes' verbale Naturphilosophie als Fortsetzung dieser Physikalisierung zu interpretieren und sie so einer alternativen Strömung gegenüber der mathematischen Physik Galileis und Newtons zuzuordnen. Weitere Informationen zu Beeckman finden sich bei Hooykaas (1981).

[2] Die Tatsache, dass Descartes die Arbeit am *Regulae*-Projekt aufgab, bedeutet nicht zwangsläufig, dass das Projekt gescheitert war. Es ist auch möglich, dass ein interessanteres Projekt an die Stelle der *mathesis universalis* trat. So beurteilt es Albert Guillermo Ranea, dem zufolge dies geschah, „als Descartes durch Mersenne erfuhr, dass am 20. März 1629 in Rom Nebensonnen beobachtet worden waren. Am 8. Oktober 1629 schrieb Descartes an Mersenne, dass er ein früheres Projekt aufgeben werde, um ‚eine systematische Untersuchung der gesamten Meteorologie' zu beginnen. … dies ist ein entscheidender Wendepunkt in Descartes' intellektueller Laufbahn. ‚Das neue Projekt, das Descartes beginnen wird, ist *Le Monde*. … Dasjenige, das er aufgibt, ist, wie ich meine, die *Regulae*' (Ranea 2000, S. 323). Nach Ranea war es also nicht das Scheitern des vorherigen Projekts, sondern vielmehr das Auftauchen eines neuen Problems, durch dessen Lösung Descartes die Überlegenheit seiner Methode demonstrieren konnte. Der Reiz war einfach unwiderstehlich.

Informationen abgeschottet ist“ (Schuster 2013a, S. 119, Anm. 49).[3] Diese Worte sind scharf, und ich werde zeigen, dass sie ungerecht sind. Es gibt Modelle, wie das Regenbogenmodell aus der *Meteorologie* und das Wirbelmodell der Gravitation aus *Le Monde,* denen die von Schuster genannten Merkmale fehlen. Daher können diese Worte nicht als Charakterisierung von Descartes’ Stil gelten. Bevor ich jedoch zu einer Kritik von Schusters Interpretation von Descartes’ intellektueller Entwicklung übergehe, sollen die zentralen Punkte dieser Interpretation vorgestellt werden.

1.1 Interpretation der *Mathesis Universalis* als gescheitertes Projekt

Descartes’ *mathesis universalis* hat in der Literatur große Aufmerksamkeit erfahren (siehe etwa Sasaki 2003, Bos 2009 oder Rabouin 2016). John Schuster schrieb bereits 1980 über die *mathesis universalis* in *Descartes’ Mathesis Universalis: 1619–28* (Schuster 1980). Ihm zufolge bestehen Descartes’ *Regulae* aus drei Textschichten, die zwischen 1619 und 1628 entstanden. Die erste Schicht, verfasst Mitte 1619, umfasst einen Teil von Regel 4 und betrifft die *mathesis universalis.* Es folgt eine zweite Schicht, geschrieben zwischen dem Winter 1619 und Ende 1620, die die Regeln 1–3, einen Teil von Regel 4 sowie die Regeln 5–11 umfasst. Sie enthält einen Entwurf der Methode und einen allgemeinen analytischen Ansatz, der für alle rationalen Disziplinen, sowohl mathematische als auch nicht-mathematische, geeignet ist. Die dritte Schicht der *Regulae* entstand, nachdem Descartes 1625 nach Paris zurückgekehrt war. Er griff die *mathesis universalis* von 1619 wieder auf und versuchte, sie im Detail auszuarbeiten. In den Regeln 12–14 skizzierte Descartes den Mechanismus der Sinneswahrnehmung. Nach Schuster hatte Descartes bis Ende 1628 die grundlegenden mathematischen, erkenntnistheoretischen und ontologischen Probleme erkannt, die ihn dazu veranlassten, das *Regulae*-Projekt aufzugeben, nach Holland zu gehen und 1629 das Vorhaben zu beginnen, eine korpuskular-mechanische Naturphilosophie zu entwickeln, die im Manuskript *Le Monde* von 1633 mündete. Ursache für Descartes’ Neuorientierung im Jahr 1628 war das unerwartete Scheitern und der Zusammenbruch des Projekts der dritten Schicht der *Regulae* (Schuster 2013a, S. 197–205). Ich habe keinen Anlass, Schusters Periodisierung von Descartes’ Arbeit am Text der *Regulae* in Frage zu stellen; ich widerspreche jedoch seiner Bewertung der Aufgabe des Projekts als

[3] Descartes’ Theorie des Wirbels feiner Materie scheint auf den ersten Blick Schusters Charakterisierung zu entsprechen. Ich werde jedoch zeigen, dass dies nicht zutrifft. Zudem erscheint es ungerecht, Descartes’ Modelle des Magnetismus und der Planetenentstehung, die sich vom Wirbelmodell nur dadurch unterscheiden, dass sie noch nicht in ausreichendem Detail ausgearbeitet sind, in so scharfen Worten zu beurteilen.

Scheitern. Ich bin der Ansicht, dass Descartes' *mathesis universalis*-Projekt nicht gescheitert ist. Schauen wir uns Schusters Argumente im Detail an.

Nach Schuster beruhte die *mathesis universalis* von 1619 (entsprechend dem Fragment von Regel 4) auf dem Proportionalzirkel. Descartes „erkennt, dass viele geometrische und algebraische Probleme auf die Bestimmung von Größen in fortgesetzten geometrischen Proportionen zurückgeführt werden können und dass die so reduzierten Probleme auf die Architektur des Zirkels abgebildet und gelöst werden können. Ich behaupte, dass diese Art der Nutzung des Zirkels als das eigentliche ‚Exemplar' für seine entstehende Lehre der universellen Mathematik dienen sollte" (Schuster 2013a, S. 240). „Descartes' begeisterte Verwendung des Zirkels ... sollte bald den technischen Kern der universellen Mathematik bilden" (Schuster 2013a, S. 242). Hier versucht Schuster, Descartes' *mathesis universalis* herabzusetzen, indem er sie mit der Arbeit an einem merkwürdigen mechanischen Gerät gleichsetzt. Dies legt nahe, dass Schuster die Ausdruckskraft eines solchen Geräts nicht erkannt hat. Der Proportionalzirkel (**1**) ermöglicht es, Wurzeln beliebigen Grades zu konstruieren und erweitert damit grundlegend den Bereich der Größen der euklidischen Geometrie, die nur Größen konstruieren konnte, die durch eine endliche Anzahl von Quadratwurzeln gebildet werden (die sogenannten *quadratischen Erweiterungen* der rationalen Zahlen); (**2**) ermöglicht die Konstruktion der Wurzeln einer Vielzahl algebraischer Gleichungen; (**3**) enthält den Keim der grundlegenden Idee, dass x^2 geometrisch nicht als Quadrat mit der Seite x, sondern als Streckenabschnitt der Länge x^2 dargestellt werden kann, ebenso wie x^3 nicht als Würfel mit der Seite x, sondern als Streckenabschnitt der Länge x^3 repräsentiert werden kann; (**4**) ermöglicht die Konstruktion einer Vielzahl neuer Kurven und übertrifft damit den Umfang der antiken Geometrie erheblich; und (**5**) erlaubt es, durch den Proportionalzirkel konstruierte Kurven im euklidischen Geist mittels eines Postulats einzuführen, das dem dritten Postulat Euklids, das Kreise – also durch einen gewöhnlichen Zirkel konstruierte Kurven – einführt, vergleichbar ist.

Schuster verkennt die technischen Möglichkeiten des Proportionalzirkels, wenn er schreibt: „Seine Methode zur Reduktion der ursprünglichen Gleichung war von begrenztem Wert und unterlag denselben algebraischen Fehlern, die oben diskutiert wurden. Außerdem erkannte er immer noch nicht, dass der Zirkel nur auf ‚Spezies' der Gleichung mit ausschließlich positiven Termen angewendet werden konnte" (Schuster 1986, S. 90). Schuster betrachtet daher Descartes' *mathesis universalis* als von Fehlern durchsetzt und von begrenzter Anwendbarkeit.[4] Aus diesem Grund konnte Schuster schreiben: „Kurz gesagt, die universelle Mathematik der Regel 4B ist ein Textartefakt, ... [sie] war keine tragfähige Disziplin mit realen Entwicklungsmöglichkeiten; sie war ein totgeborener Traum. ... Descartes' Forschungen mit dem Proportionalzirkel waren tatsächlich recht begrenzt; sie waren von Fehlern durchsetzt ... [sie] funktionierten nicht einmal für alle algebraischen

[4] In Abschn. 2.1 werde ich zeigen, dass diese Urteile unzutreffend sind und wahrscheinlich auf einem mangelnden Verständnis der technischen Qualitäten von Descartes' *mathesis universalis* beruhen.

Probleme, die er zu lösen versuchte“ (Schuster 2013a, S. 247). In ähnlicher Weise äußert Schuster: „Es war das Scheitern seiner großen Initiative Ende 1628, das die Krise auslöste, aus der Descartes als systembildender Naturphilosoph seiner späteren Jahre hervorging“ (Schuster 2013a, S. 228) und dass „Die universelle Mathematik sollte allgemeine analytische Methoden verkörpern, die auf alle wirklich mathematischen Gebiete anwendbar sind, ob rein oder physiko-mathematisch. Sie war eher ein enthusiastischer postadoleszenter Traum als eine praktische Realität. Descartes überschätzte die Allgemeinheit und Kraft seiner analytischen Erkenntnisse“ (Schuster 2013a, S. 228). Wenn wir die Vision des jungen Descartes nicht als (postadoleszenten) Traum, sondern als Projekt betrachten, sehen wir, dass Descartes dieses Projekt 18 Jahre später in *La Géométrie* erfolgreich vollendete, und eine seiner wichtigsten Früchte war die analytische Geometrie.[5] Der Inhalt dieses Traums war daher ein sinnvolles, realistisches und durchführbares Projekt, das zu einer grundlegenden Transformation der gesamten Mathematik führte.

Nach Schuster gab es drei Probleme, die das Projekt der *Regulae* lähmten und Descartes' Übergang zu einer systematischen korpuskularen Naturphilosophie verursachten: „(1) Die neu formulierte universelle Mathematik befasste sich direkt mit makroskopischen ‚Dimensionen', die unmittelbar bekannt und gesichert waren. Doch Descartes' korpuskular-mechanische Neigungen in der Naturphilosophie beschäftigten sich mit einem unsichtbaren Bereich von Mikropartikeln. Die Antwort bestand darin, eine vollständig ontologische Lehre von Materie-Ausdehnung zu entwickeln, die makro-mikroskopische Analogien zulassen und einen systematischen Korpuskularmechanismus begründen konnte, allerdings um den Preis, auf den in den späteren Regulae angestrebten Anspruch auf echte Mathematisierung zu verzichten. (2) Das Beharren darauf, die Welt unter geometrisch-mechanischen Schemata zu erkennen, rückte das Problem des Status und Ursprungs nicht-geometrischer Wahrnehmungen in den Fokus. Die Lösung bestand darin, den sich abzeichnenden systematischen Dualismus der späteren *Regulae* zu erweitern und zu metaphysizieren, sodass man in der ausgereiften Metaphysik klar zwischen rein geistigen ‚Ideen' und den korpuskular-mechanischen Sachverhalten unterscheiden konnte, die manchmal Ideen veranlassen, aber nicht notwendigerweise durch diese repräsentiert werden. (3) Nicht alle mathematischen Operationen und Objekte lassen sich durch die allzu einfachen Verfahren der anschaulichen Darstellung, Manipulation und Betrachtung von Linienlängen rechtfertigen, wie sie in den späteren Regulae vertreten werden. Der Text bricht genau an dem

[5] Man könnte einwenden, dass Descartes im Jahr 1619, als er das Projekt der *mathesis universalis* formulierte, die Entstehung der analytischen Geometrie nicht voraussehen konnte und daher die analytische Geometrie nicht das Ziel seines Projekts gewesen sein konnte. Doch nur wenige wissenschaftliche Projekte bringen genau das hervor, was ihr Urheber beabsichtigt hatte. Eine Entdeckung führt zwangsläufig zu etwas Unerwartetem, sonst wäre es keine Entdeckung. Je mehr das Ergebnis unsere Erwartungen übertrifft, desto bedeutender war das ursprüngliche Projekt. 1619 hatte Descartes eine vage Vorstellung von den Möglichkeiten, die im von ihm erfundenen algebraischen Formalismus verborgen lagen. Er hatte keine genaue Vorstellung davon, wohin dieser führen würde.

Punkt ab, an dem Descartes dies hätte klar werden müssen. Die Antwort bestand darin, von der Rechtfertigung der Mathematik durch die Intuition geometrischer Darstellungen abzurücken und zu einer abstrakteren, relationalen Sichtweise der Grundlagen mathematischer Wahrheiten überzugehen und eine Metaphysik zu errichten, die angeblich Intuitionen garantieren kann, die nicht auf anschauliche Darstellung oder geometrische Präsentation angewiesen sind. Zusammengefasst: Gerade das Scheitern der späteren Regulae strukturierte Probleme und Möglichkeiten, die Descartes dann durch die Ausarbeitung seiner ausgereiften Metaphysik und systematischen Naturphilosophie weiterverfolgte" (Schuster 1993, S. 218).

Ich habe diese Passage vollständig wiedergegeben, um zu verdeutlichen, wie schwach Schusters Gründe für das angebliche Scheitern des Projekts der *mathesis universalis* und für den entscheidenden Wendepunkt in Descartes' wissenschaftlicher Laufbahn sind, der zu einer völligen Neuorientierung seiner wissenschaftlichen Arbeit führen sollte. Punkt (1) ist eine Art dunkler Konflikt in Descartes' Neigungen, der ihn erstaunlicherweise nicht daran hinderte, *La Géométrie* zu schreiben. Punkt (2) ist die Unfähigkeit, den Ursprung nicht-geometrischer Wahrnehmungen zu klären, aber es ist nicht ersichtlich, warum diese Klärung nicht auf einen späteren Zeitpunkt verschoben werden konnte, wenn die Grundlagen der *mathesis universalis* besser verstanden wären. Schließlich führt Punkt (3) die Behauptung ein, dass die Rechtfertigung bestimmter mathematischer Operationen und Objekte unmöglich sei, ohne zu spezifizieren, um welche Operationen es sich handelt und warum Schuster meint, dass sie im Rahmen der *Regulae* nicht gerechtfertigt werden können.

Schuster charakterisiert Descartes' Mathematik folgendermaßen: „Seit 1618 verfolgte Descartes eine analytische, problemlösungsorientierte Agenda in der Mathematik, die in dieser Hinsicht seiner Physiko-Mathematik ähnelte – oder zumindest glaubte er das. Tatsächlich waren es die Parallelen, die er zwischen seiner mathematischen und seiner physiko-mathematischen Arbeit wahrnahm, die 1619–1620 seinen Traum von einem einheitlichen analytischen Ansatz für alle mathematisch begründeten Disziplinen – praktische, reine und physiko-mathematische – auslösten, dem er den bereits kursierenden Namen ‚universelle Mathematik' zuwies. Wir werden sehen, dass diese Konzeption etwas übertrieben und überhitzt war und dass dieses Projekt trotz – oder vielleicht gerade wegen – dieser Tatsache rasch der noch umfassenderen Fata Morgana einer universellen Methode wich" (Schuster 2013a, S. 225 und 226). Diese Passage spielt Descartes als Mathematiker herunter.

Dennoch gilt Descartes gemeinhin als einer der konzeptuell tiefgründigsten Autoren der gesamten Mathematikgeschichte. Wer seine Abhandlung über Geometrie mit dem Satz beginnt: „Alle Probleme der Geometrie lassen sich leicht in solche umwandeln, zu deren Konstruktion es genügt, die Länge einiger Strecken zu kennen" (Descartes 1637b), verfolgt keine problemlösungsorientierte Agenda. Es ist jemand, der der euklidischen Geometrie all ihre Probleme genommen hat. Dieser Satz markiert das Ende der euklidischen Geometrie als Forschungsfeld und kündigt den Beginn einer völlig neuen Art an, Geometrie zu betreiben.[6] Die neue Mathematik, die er begründete, war *analytisch,* aber sie war auch *allgemein* (sie untersuchte allgemeine Kurven im Gegensatz zu den speziellen Kurven der euklidischen Geometrie), sie war *funktional* (ihre Kurven waren graphische Darstellungen funktionaler Beziehungen zwischen Variablen), *formal* (geometrische Operationen entsprachen formal algebraischen Operationen) und *modal* (sie ermöglichte den Nachweis der Unmöglichkeit bestimmter geometrischer Konstruktionen). Descartes' neue Mathematik als analytisch und problemlösungsorientiert zu charakterisieren, ist eine Fehlinterpretation. Descartes' *Geometrie* bewirkte eine tiefgreifende Revolution in der gesamten Mathematik – eine Revolution, die mit der von Newton (und Leibniz), Frege (und Peano), Cantor (und Zermelo) sowie Turing (und Gödel) vergleichbar ist.[7]

1.1.1 Eine alternative Deutung von Descartes' „Scheitern": Henk Bos

Trotz der Schwäche von Schusters Argumenten, dass *Descartes die Undurchführbarkeit seines Projekts der Regulae erkannt habe,* ist Schuster mit dieser Behauptung nicht allein. Eine andere Strategie zur Untermauerung dieser These wurde von Henk Bos in seinem Aufsatz *Descartes' attempt, in the Regulae, to base the certainty of algebra on mental vision – A conjectural reconstruction* (Bos 2009) vorgestellt. In den ersten vier Teilen seines Aufsatzes präsentiert Bos den Inhalt und den historischen Kontext der Regulae. Im fünften Teil liefert er dann einen intuitiv sehr überzeugenden Beweis für eine Regel, die die geometrische

---

[6] Die Herabstufung Euklids, indem Descartes die *Elemente* Euklids zu einfachen Übungen im Lösen algebraischer Gleichungen macht, ist kein Beispiel für Problemlösung. Descartes hebt die Geometrie auf eine völlig neue Ebene der Allgemeinheit. Seine Methode besteht darin, jedes geometrische Problem in die Sprache algebraischer Gleichungen zu übersetzen, diese mit Methoden der symbolischen Algebra zu lösen und dann geometrisch nur noch die Größe zu konstruieren, die die Lösungen der Gleichungen repräsentiert – was aus geometrischer Sicht eher trivial ist. Dies wird von Courant und Robbins am Beispiel der Konstruktion des regelmäßigen Zehnecks illustriert (siehe Courant und Robbins 1941, S. 120–123).

[7] Alexandre Grothendieck soll Mathematiker in vier Gruppen eingeteilt haben. Die erste umfasst diejenigen, die Sätze beweisen (und Probleme lösen). Die zweite umfasst diejenigen, die Sätze erfinden, die bewiesen werden können (und Probleme formulieren, die gelöst werden können). Die dritte umfasst diejenigen, die Theorien konstruieren, in denen Sätze erfunden (und Probleme formuliert) werden können. Die vierte umfasst diejenigen, die Konzepte schaffen (wie den Begriff der *Funktion,* eingeführt von Newton und Leibniz, den Begriff der *Menge,* eingeführt von Cantor und Zermelo, den Begriff des *Algorithmus,* eingeführt von Turing und Gödel), über die Theorien gebildet werden können. Es scheint, dass wir Descartes neben Newton, Leibniz, Frege, Peano, Cantor, Zermelo, Turing und Gödel in diese vierte Gruppe einordnen sollten, als Schöpfer des neuen Begriffs der *Kurve* (siehe Bos 2001). Grothendiecks Perspektive lässt erkennen, dass das, was Descartes geschaffen hat, weit entfernt ist von jeglicher Problemlösung.

Umwandlung eines Rechtecks, das als Produkt der Strecken *a* und *b* entsteht, in ein Rechteck mit einer Seite *c* mit der Länge des Produkts von *a* und *b* gestattet. Die im Beweis verwendete Figur besitzt die *Gnomon-Eigenschaft.* Im sechsten Teil schreibt Bos: „Ich finde es bemerkenswert, wie genau der Beweis der Gnomon-Eigenschaft … zu Descartes' Beschreibung des Zusammenspiels von Einbildungskraft und Intellekt beim Erwerb sicheren Wissens durch Intuition passt. … Tatsächlich halte ich es für wahrscheinlich, dass dieser euklidische Beweis der Gnomon-Eigenschaft eines der mathematischen Beispiele war, auf die Descartes sein Modell des Funktionierens des menschlichen Geistes stützte" (Bos 2009, S. 367).

Im nächsten Abschnitt argumentiert Bos, dass solch intuitiv überzeugende Beweise unter Verwendung der Gnomon-Eigenschaft die elementaren Operationen der Addition, Subtraktion, Multiplikation und Division untermauern können. Für die nächste Operation – die Wurzelziehung – ist jedoch kein derartiger Beweis auf Basis der Gnomon-Eigenschaft möglich. Bos präsentiert den standardmäßigen euklidischen Beweis für die Konstruktion der Quadratwurzel, kommentiert jedoch: „Somit boten die Alternativen wenig Hoffnung auf klare und deutliche Veranschaulichungen. Zudem hätte das Auftreten des Kreises bei der Konstruktion des mittleren Proportionals Descartes zusätzlich bewusst gemacht, dass sein Modell der visuellen Wahrnehmung, das auf der Erzeugung von Figuren durch den Intellekt in der Einbildungskraft beruht, eine Praxis erfordern würde, die der geometrischen Konstruktion analog ist. … Es scheint, … dass jeder Versuch, die Gewissheit der Wurzelziehung auf klare und deutliche Einbildungskraft zu gründen, starke Zweifel daran hervorrufen würde, die geometrische Gewissheit anderer als der einfachsten Operationen auf die Intuition vorgestellter Figuren zu stützen" (Bos 2009, S. 372). Daraus gelangt Bos im nächsten Teil seines Aufsatzes zu dem Schluss, dass Descartes erkannt habe, „dass weitere Versuche, die Gewissheit der Algebra auf mentale Anschauung zu gründen, scheitern würden", und fährt fort: „Ich weise darauf hin, dass sich die Vermutung auf den Prozess bezieht, der zu Descartes' Erkenntnis des unvermeidlichen Scheiterns führte, und auf die Rolle der Gnomon-Argumente in diesem Prozess, nicht aber auf die Erkenntnis selbst, die bereits zuvor, insbesondere von Schuster, bemerkt wurde" (Bos 2009, S. 372).

Ich werde zeigen, dass diese Rekonstruktion von Descartes' Denken fehlerhaft ist. Sie ist fehlerhaft in Bezug auf (1) das Ziel des betreffenden Abschnitts der *Regulae* (Regeln 17 und 18); (2) die Art und Weise, wie nach Descartes die Intuition in mathematische Argumente einfließt; und (3) den Charakter von Descartes' Praxis in *La Géométrie.*

(1) *Das Ziel der Regeln 17 und 18 der Regulae,* die Gegenstand der Rekonstruktion von Bos sind, muss im weiteren Kontext der gesamten *Regulae* gesehen werden. Ihr Ziel war nicht eine Kritik an der Strenge von Euklids *Elementen,* und ich glaube, dass Descartes keinerlei Probleme gehabt hätte, Euklids Konstruktion des mittleren Proportionals, die von Bos als klarer und deutlicher Beweis präsentiert wird, zu akzeptieren. Descartes' Ziel in diesem Teil der *Regulae* war es, Grundlagen für seine *mathesis universalis* zu schaffen

(siehe Abschn. 3.2). Nimmt man beispielsweise eine biquartische Gleichung, so kann sie mit der von Ludovico Ferrari entdeckten Methode gelöst werden. Es stellt sich jedoch die Frage: Wie lässt sich beweisen, dass die zur Lösung führende Methode korrekt ist, wenn sie die vierte Potenz der Unbekannten verwendet? Descartes' Idee, die höheren Potenzen der Unbekannten durch Rechtecke darzustellen, ist ein genialer Weg, die Beweise von Gleichungen zweiten und dritten Grades zu einer allgemeinen Methode für den gesamten Bereich der algebraischen Gleichungen zu erweitern. Descartes' Projekt war also nicht, Euklid zu kritisieren, sondern dessen Beweistechniken über die Grenzen der dritten Dimension hinaus auszudehnen.

(2) Die Art und Weise, wie Intuition in mathematische Argumente einfließt, wurde von Bos so rekonstruiert, dass Descartes zu einer Art Solipsist wird, der die Figuren betrachtet, die der Intellekt in der Einbildungskraft erschafft (oder projiziert), und auf Grundlage der Klarheit und Deutlichkeit dieser Vorstellungen deren Gewissheit beurteilt. Doch so funktioniert Mathematik nicht. Die Aufmerksamkeit eines Mathematikers (auch Descartes) richtet sich auf die Figur auf dem Papier. Wenn der Mathematiker eine solche Figur betrachtet, wird sie automatisch in der Einbildungskraft projiziert. Es besteht kein Zweifel, dass das Erlebnis von Klarheit und Deutlichkeit – wie im Fall des von Bos präsentierten Gnomon-Beweises – in der Einbildungskraft stattfindet. Dennoch bezieht sich dieses Erlebnis auf die auf dem Papier dargestellten Figuren, und in dieser Hinsicht sind die Konstruktion der Quadratwurzel mit Lineal und Zirkel ebenso wie die Konstruktion höherer Wurzeln mit dem Proportionalzirkel keineswegs weniger klar oder deutlich als die von Bos präsentierten Gnomon-Beweise. Mathematik ist keine Kunst, Figuren zu betrachten, die auf die Einbildungskraft projiziert werden. David Rabouin hat auf die Arbeiten von Ken Manders zu euklidischen Diagrammen und von Ed Hutchins zu materiellen Ankern hingewiesen und deren Bedeutung für unser Verständnis der kartesischen Erkenntnistheorie diskutiert (siehe Rabouin 2018, S. 4769–4779).
Daher kann die von Bos vorgelegte Rekonstruktion der *Regulae* als Versuch, die Gewissheit der Algebra auf mentale Anschauung zu gründen, nicht akzeptiert werden. Die Wahrnehmungen, auf denen nach Descartes mathematisches Wissen beruht, erhalten in der Einbildungskraft ihre Eigenschaft der Klarheit und Deutlichkeit. Es handelt sich jedoch um Wahrnehmungen der äußeren Realität und nicht um Figuren, die nur in der Einbildungskraft existieren. Wie der Text von *La Géométrie* belegt, hatte Descartes keinerlei Probleme, geometrische Konstruktionen mit Lineal und Zirkel, ja sogar durch Schnittpunkte höherer Kurven, als klar und deutlich zu akzeptieren.

(3) Auch Descartes' mathematische Praxis in seinen späteren Werken stützt unsere Interpretation. Hätte Descartes Zweifel an der Klarheit und Deutlichkeit euklidischer Konstruktionen gehabt, müssten sich Spuren solcher Zweifel in *La Géométrie* finden lassen. In *La Géométrie* finden sich jedoch keinerlei Hinweise darauf, weil es solche Zweifel nie gab. Die Probleme, die Descartes mit Euklid hatte, betrafen nicht die Gewissheit euklidischer Beweise, sondern den zu engen Rahmen seiner Konstruktionsmethoden.

1.2 Interpretation von Descartes' Methode als „Methodenrede"

Schuster betrachtet Descartes' Methode im Lichte der Arbeiten von Koyré, Kuhn und Feyerabend: „Einige Historiker, Philosophen und Soziologen der Wissenschaft haben festgestellt, dass keine Methodendoktrin – weder die von Descartes noch die irgendeines anderen – jemals die tatsächliche wissenschaftliche Praxis, sei es konzeptionell oder materiell, in dem wörtlichen Sinne geleitet und konstituiert hat, wie es diese Methoden für sich beanspruchen. Aus dieser Perspektive folgt, dass eine apologetische Wissenschaft, die sich auf Descartes' Methode richtet, fehlgeleitet ist – nicht so sehr in ihren einzelnen wissenschaftlichen Details, aber ganz sicher in ihrer Sicht auf Wissenschaft, Methode und deren verflochtene Geschichte" (Schuster 2013a, S. 269). Schusters Analyse des Methoden-Diskurses als bloße mythische Rede wird in seinem Artikel *Cartesian method as Mythic speech: a diachronic and structural analysis* dargelegt, wo er schreibt: „Alle systematischen Methodendoktrinen gehören zu einer bestimmten Diskursart. Diese Art ist durch das Vorhandensein einer bestimmten diskursiven Struktur gekennzeichnet, die allen Instanzen dieses Typs gemeinsam ist. Diese Struktur ist so beschaffen, dass sie notwendigerweise die Fähigkeit jeder Methodologie untergräbt, das zu leisten, was sie wörtlich zu leisten vorgibt. Gleichzeitig erzeugt oder erhält eben diese diskursive Struktur eine Reihe von Illusionen (in Form literarischer Effekte), die den Eindruck erwecken, die betreffende Methode könne tatsächlich leisten, was sie zu können beansprucht" (Schuster 1986, S. 35). Nach Schuster „wurde der Methodendiskurs nicht direkt aus erfolgreicher Praxis in einem Bereich der Mathematik abstrahiert. Er wurde durch eine megalomanische Ausweitung analogischer Operationen auf die Begriffe eines Diskurses, der universellen Mathematik, hervorgebracht, die selbst nicht leisten konnte, was sie zu leisten vorgab" (Schuster 1986, S. 58). „Der junge Descartes kämpfte also nicht nur darum, eine physiko-mathematische Theorie mit möglichen korpuskular-mechanischen Implikationen zu entwickeln. Er war auch ein Träumer gigantischer und verführerischer methodologischer Fantasien" (Schuster 2013b, S. 69).

Schuster behauptet, dass Descartes bis 1628 aufrichtig an seine methodologischen Thesen glaubte, doch als er das Scheitern der *mathesis universalis* erkannte, erhielt seine Methodenrede einen mythischen Charakter. „Als Descartes begann, über das Schreiben des *Discours* nachzudenken, hatte er das Vertrauen in die Wirksamkeit seiner Methode verloren und verkaufte Methodenrede weitgehend als öffentliches Verpackungsmaterial für seine erstaunlichen Leistungen, die natürlich auf ganz andere Weise zustande gekommen waren" (Schuster 2012, S. 249). Nach Schuster ist „Descartes' große Methode – und in der Tat jede große Methode – eine Art mythischer Rede, insofern sie aus strukturellen Gründen nicht das leisten kann, was sie für sich beansprucht, während eben diese Struktur dazu neigt, Texteffekte oder Illusionen zu erzeugen, die den Anschein erwecken, dass solche methodologischen Leistungen möglich seien" (Schuster 2013a, S. 250).

Nach der Verurteilung Galileis begann Descartes zweifellos, literarische Effekte einzusetzen, um Illusionen zu erzeugen und bestimmte Eindrücke zu erzielen. Meiner Meinung nach war ein genialer Schachzug dieser Art seine Behauptung, in seiner Seele die Idee Gottes als angeborene Idee zu finden. Man kann sich vorstellen, wie die Mitglieder des Inquisitionstribunals sich gegenseitig überboten, um zu versichern, dass auch sie die Idee Gottes in ihrer Seele gefunden hätten. Es ist daher möglich, dass die These von der Angeborenheit der Gottesidee ein literarischer Effekt war, der dazu diente, den Vorwurf der Unorthodoxie zu vermeiden. Jemand, in dessen Seele Gott selbst die Idee von sich gelegt hat, kann kaum der Gottlosigkeit bezichtigt werden, wenn er zudem demütig behauptet, Gott habe diese Idee in jede Seele gelegt. Daher möchte ich keinesfalls behaupten, dass Descartes' Diskurs direkt und geradlinig war und nur auf Wahrheit abzielte. Seine Aussagen zur Methode scheinen jedoch nicht das Ergebnis solcher literarischer Illusionen gewesen zu sein.

Schuster beschreibt den Methodendiskurs als eine Struktur mit drei Ebenen: *Ebene I* besteht aus explizitem, systematisiertem Diskurs über den Kern einer jeweiligen Methodendoktrin. Sie umfasst (1) verallgemeinerte (d. h. nicht fachspezifische) Aussagen über die Regeln dieser Methode, (2) abstrakten Diskurs über die „erkennenden Subjekte“ und „Erkenntnisobjekte“ und darüber, wie die Regeln deren Zusammenkommen ermöglichen, sowie (3) Beschreibungen möglicher „Fallstricke“, „Hindernisse“ und „Fehlerquellen“. *Ebene III* ist eine Darstellung des Charakters wissenschaftlicher Disziplinen, dargestellt als eine Menge disziplinärer Matrizen, bestehend aus eigenen Grundbegriffen (C), Metaphysik (M), Werkzeugen und Instrumenten (T), Relevanz- und Angemessenheitsstandards (S), Zielen und Zwecken (A) sowie Exemplaren (E). Nach Kuhns These ist die Methode jeder solchen Disziplin ihr eigentümlich, untrennbar vom Inhalt und der Struktur ihrer disziplinären Matrix. *Ebene II* besteht aus einer Nacherzählung des Inhalts von Ebene III in der Sprache von Ebene I. Hier treffen methodologische Beschreibungen und Erzählungen aufeinander, um das Wesen der Praxis der Disziplinen von Ebene III einzufangen. Diese Erzählungen sind nach den Elementen von Ebene I strukturiert (Schuster 2013a, S. 280–282).

Nach Schuster stehen die auf Ebene II verkörperten Geschichten, die die Regeln der Methode darstellen, im Widerspruch zum kognitiven und organisatorischen Gehalt der tatsächlichen Praxis auf Ebene III. Die Geschichten der Ebene II sind episodische, fiktionalisierte Versionen zentraler methodologischer Konzepte der Ebene I. Es sind Erzählungen methodologischer Errungenschaften. Die Regeln der Methode fügen sich in diese Geschichten ein, weil die Geschichten selbst von Ebene I abgeleitet sind.[8] Schuster illustriert seine Drei-Ebenen-Theorie

[8] Schusters Drei-Ebenen-Theorie ist interessant und lässt sich auf die Analyse marxistischer Diskurse anwenden. Dort ist *Ebene I* der dialektische und historische Materialismus, *Ebene III* besteht aus Diskursen von Disziplinen wie Ökonomie, Soziologie und Geschichte, und *Ebene II* ist eine Umformulierung der Fakten von Ebene III in der Sprache von Ebene I. Eine typische Konstruktion der Ebene II ist die „Industrielle Revolution“. Wie Ralf Dahrendorf in *Reflections on the Revolution in Europe* (Dahrendorf 1999) zeigte, ist der marxistische Begriff der „Industriellen

mit Descartes' Lehre von den Magneten. Die Wahl dieser Lehre ist bezeichnend. Keine Theorie des Magnetismus vor Voltas Schaffung einer stabilen elektrischen Stromquelle, die empirische Untersuchungen elektrischer und magnetischer Phänomene ermöglichte, konnte mehr sein als eine Projektion a priori gewonnener Ideen auf eine sehr begrenzte empirische Basis. Descartes' Lehre von den Magneten bildete da keine Ausnahme.[9] Aus diesem Beispiel jedoch Rückschlüsse auf das Wesen von Descartes' Methode zu ziehen, ist merkwürdig. Schließlich war es angeblich der Zusammenbruch der *mathesis universalis* und nicht die Lehre von den Magneten, der Descartes zur Naturphilosophie führte.[10]

Schuster argumentiert, dass „Descartes' Methodendiskurs eine Art mythischer Rede ist, deren diskursive Struktur ihn inhaltsleer macht, während sie gleichzeitig starke Illusionen aufrechterhält, dass dem nicht so sei" (Schuster 2013a, S. 284). Er führt vier literarische Effekte an, um diese Illusion zu erklären. Den ersten nennt er *den Effekt der adäquaten Umdeutung:* Der Methodendiskurs erzeugt die Illusion, dass die Umdeutungen auf Ebene II den Inhalten und Praktiken von Ebene III treu sind. Den zweiten literarischen Effekt nennt er *den Anwendungseffekt:* Der Methodendiskurs erzeugt die Illusion, dass die Anwendung der Methodenregeln in der Geschichte der Ebene II (oder zumindest könnte) die Anwendung der Regeln von Ebene I auf die tatsächliche Praxis des Zielgebiets

Revolution" eine Kombination von Merkmalen der englischen industriellen Revolution (bei der die Entwicklung des Bürgertums nicht zu einer politischen Revolution führte, da diese bereits stattgefunden hatte) und der französischen Revolution (bei der die Industrialisierung fehlte). Dies sind Fakten der Ebene III. Aus ihnen wird auf Ebene II eine marxistische Theorie der Industriellen Revolution entwickelt, die überzeugend wirkt, weil jeder die Merkmale realer historischer Ereignisse wiedererkennt, die als Illustration der dialektischen Methode dienen. Wie Dahrendorf feststellt, entstanden diese beiden Revolutionen nicht am selben Ort und zur selben Zeit; erst durch die Bücher von Marx und Engels wurden sie miteinander verknüpft. Dahrendorf zeigte damit, dass die marxistische Theorie der Industriellen Revolution tatsächlich eine Art mythischer Rede im Sinne Schusters ist.

[9] Wer sich einen Eindruck von der begrifflichen Komplexität der Wissenschaft vom Magnetismus verschaffen möchte, dem sei ein Blick in die Kap. 4 und 5 von *Electrodynamics of Continuous media* (Landau et al. 1984) empfohlen. Es ist offensichtlich, dass weder Descartes noch irgendjemand vor der Quantenmechanik eine Chance hatte, diese Phänomene zu verstehen. Wie Schuster in Schuster (2013b, S. 80) erklärt, formulierte Descartes seine Theorie des Magnetismus als Reaktion auf Gilbert, der den Magnetismus durch eine magnetische Seele erklärte. Descartes musste natürlich reagieren, da die Idee einer magnetischen Seele den grundlegenden Erklärungsprinzipien seiner Physik widersprach. Man kann also sagen, dass Descartes' Theorie des Magnetismus nicht das Ergebnis einer natürlichen Entwicklung seiner Physik war, sondern ein polemischer Angriff, bei dem er ein Terrain betreten musste, für das er – wie alle vor der Generation Enrico Fermis – schlicht technisch unvorbereitet war.

[10] Eine ausführlichere Darstellung findet sich bei Schuster und Brody (2012) zu Descartes' Theorie der Sonnenflecken. Es ist faszinierend zu lesen, wie Descartes Sonnenflecken mit Magnetismus in Verbindung bringt – rund dreihundert Jahre vor der Theorie des solaren Dynamos. Wahrscheinlich handelt es sich um einen bloßen Zufall, da weder Magnetismus noch Sonnenflecken damals physikalisch verstanden werden konnten. Schuster und Brody nutzen dieses Material, um die Systematisierungsstrategien der kartesischen Philosophie zu illustrieren.

auf Ebene III ist. Der dritte literarische Effekt des Methodendiskurses ist *der Einheitseffekt:* Der Methodendiskurs erzeugt die Illusion, dass die einzelnen Nacherzählungen auf Ebene II einander ähneln und somit die Anwendung derselben Regel darstellen. Diese Illusion wird dadurch erreicht, dass die Begriffe von Ebene I mehrdeutig sind und sich beim Wechsel von einem Fachgebiet zum anderen die Bedeutung verschiebt, der Begriff aber gleich bleibt. Der letzte literarische Effekt ist *der Fortschrittseffekt:* Die Anhäufung immer weiterer Geschichten auf Ebene II erzeugt die Illusion einer sich erfolgreich entwickelnden Methode (Schuster 2013a, S. 284–291).

Diese Effekte sind strukturell, insofern sie durch die Beziehungen zwischen den drei Diskursebenen ermöglicht werden. Nach Schuster erklärt dies, warum ein Methodendiskurs wie der von Descartes in der tatsächlichen wissenschaftlichen Praxis zwangsläufig unzureichend und unwirksam sein muss. Seine oberen Ebenen (I und II) marginalisieren und verdrängen die Interpretationen der Ebene III und setzen an deren Stelle das Phantom der Struktur und Praxis dieser Ebene. Dieses Phantom, das durch die Erzählungen der Ebene II konstituiert wird, wird anschließend durch seine scheinbare Übereinstimmung mit dem großen, selbsternannten, autoritativen Diskurs der Ebene I verfestigt und gestützt (Schuster 2013a, S. 284). Diese detaillierte Analyse untermauert Schusters Behauptung: „Es erscheint wahrscheinlich, dass er [Descartes], als er die Methode nutzte, um seine Autobiografie im *Discours* zu artikulieren, weitgehend die Spuren seines gescheiterten Unternehmens der 1620er Jahre verwischte und die Methode zynisch als rhetorisches Mittel im traditionellen abwertenden Sinne ausnutzte. Ebenso wird es in anderen Kontexten grober methodologischer Behauptungen zunehmend schwer zu glauben, dass Descartes tatsächlich glaubte, was er sagte" (Schuster 1993, S. 219).

1.3 Interpretation von Descartes' Physik als Naturphilosophie

Nach Schuster ist Descartes' Physik eine Theorie desselben Genres wie die aristotelische und scholastische Naturphilosophie und kann als solche nicht mathematisch sein. Sie stellt „das dar, was wir Descartes' holistische oder plenistisch–realistische Erklärungsweise in der Naturphilosophie nennen wollen. Diese Erklärungsweise findet ihr zentrales Beispiel und ihre Vollendung in seiner Wirbeltheorie der Himmelsmechanik in *Le Monde* und steht im Gegensatz zu der abstrahierenden und idealisierenden Erklärungsweise, die für die gemischten mathematischen Wissenschaften und die Mechanik Galileis typisch ist, welche 1638 erscheinen sollte" (Schuster 2013a, S. 352). In Fußnote 5, drei Seiten später, zitiert Schuster Descartes' Aussage aus dem *Discours,* in der Descartes den Inhalt seiner unveröffentlichten Schriften *(Le Monde)* beschreibt: „Danach zeigte ich, wie infolge dieser Gesetze der größte Teil der Materie dieses Chaos in einer bestimmten

Weise angeordnet und geordnet werden musste, sodass er unseren Himmeln ähnelte“ (Descartes 1637a, S. 132; AT6, S. 43). Nach Descartes ist die Wirbeltheorie also kein Beispiel für eine holistische Erklärungsweise, sondern eine Konsequenz der Naturgesetze, die mathematischer Natur sind.

Die Interpretation von Descartes’ Naturphilosophie als diskursive Theorie führt zu einer Deutung des Übergangs von den gemischten mathematischen Disziplinen der antiken Wissenschaft zur Physikomathematik: „Historiker sprechen traditionell von einer Bewegung zur ‚Mathematisierung der Wissenschaft‘ und berufen sich dabei auf Kepler, Galileo, Descartes und andere in den frühen Phasen des siebzehnten Jahrhunderts, die zu Newton führten. … Es handelt sich nicht um die *Mathematisierung* der Naturphilosophie, sondern um die *Physikalisierung* von Disziplinen, die vom Aristotelismus als bloß instrumentell und nicht erklärend gelehrt wurden“ (Schuster 2013a, S. 56). „Die gemischten mathematischen Wissenschaften, die bereits mathematisch waren, sollten stärker ‚physikalisiert‘ werden, also enger in jene Form der Naturphilosophie integriert werden, die ein angehender Physikomathematiker vertrat“ (Schuster 2013b, S. 58). Schusters Strategie ist offensichtlich. In Descartes’ frühem, physikomathematischem Werk betont er dessen physikalischen Charakter (d. h. er verschiebt es von der Mathematik zur Physik), um die Entwicklung im physikalischen Werk des reifen Descartes hin zu *Le Monde* und den *Principia Philosophiae* als eine Bewegung in diesem physikalischen Bereich hin zu einer verbalen, diskursiven Lehre zu deuten (im Vergleich zur physikalisch interpretierten Physikomathematik). „Tatsächlich hat Descartes niemals eine mathematische Mechanik im Sinne von Galileo, Huygens oder Newton erreicht, geschweige denn eine Mechanik, die wirklich auf den korpuskularen Bereich anwendbar wäre. Als Descartes sich nach 1628 dem Aufbau eines ausgearbeiteten Systems der korpuskularen Mechanik in *Le Monde* zuwandte, erwies es sich als qualitativ und diskursiv“ (Schuster 1986, S. 51).

In diesem Abschnitt unterzieht Schuster weder Galileis angeblich mathematische Mechanik noch Descartes’ angeblich qualitative und diskursive korpuskulare Mechanik einer begrifflichen Analyse. Er verlässt sich auf den Gesamteindruck, den der Leser von diesen Theorien erhält. Galileis Name wird im selben Atemzug mit Newton genannt, als ob Galileis Bewegungsbegriff, der keinerlei Spur von Wechselwirkung enthält, mit Newtons verwandt wäre. Tatsächlich war Galileis Projekt, Bewegung zu untersuchen, ohne explizit Wechselwirkungen einzubeziehen, eine Sackgasse, und Descartes erkannte die Sinnlosigkeit eines solchen Ansatzes. Dass Schuster eine fiktive Entwicklung von Galileo zu Newton konstruiert, ist kein Grund, Descartes aus der Geschichte der mathematischen Beschreibung der Bewegung auszuschließen. Tatsächlich gibt es keinen Weg, der von Galileis geometrischem Bewegungsbegriff zu Newtons dynamischem Verständnis führt.

Schuster bestreitet, dass die in *Le Monde* enthaltene Physik irgendetwas mit mathematischer Physik zu tun habe. Er schreibt: „Descartes’ ausgearbeitete Dynamik der Mikropartikel in *Le Monde* hatte nichts mit der mathematischen Behandlung von Geschwindigkeiten, Beschleunigungen, Massen und Kräften zu tun. Vielmehr ging es darum, die Bewegungen, Kollisionen und Bewegungsneigungen der Korpuskeln zu erklären. Descartes war der Ansicht, dass Körper in Bewegung oder auch nur mit Bewegungsneigung von Moment zu Moment durch den Besitz zweier Arten dynamischer Größen charakterisiert werden können: Erstens gibt es die absolute Größe der ‚Bewegungskraft'; zweitens gibt es die Richtungsmodi dieser Kraftgröße, also die Richtungskomponenten, entlang derer die Kraft oder Teile der Kraft wirken" (Schuster 2013a, S. 169). Warum Descartes' Dynamik aus *Le Monde* nichts mit einer mathematischen Beschreibung der Bewegung zu tun haben soll, erklärt Schuster nicht.[11] Natürlich, wenn er die mathematische Beschreibung der Bewegung mit ihrer newtonschen Form identifiziert (d. h. der mathematischen Beschreibung von Geschwindigkeiten, Beschleunigungen, Massen und Kräften) und jede Beschreibung, die nicht mit Massen und Kräften arbeitet, als nicht-mathematisch deklariert, ist *Le Monde* automatisch ausgeschlossen. Dann hätte allerdings auch Galileo nichts mit einer mathematischen Beschreibung der Bewegung zu tun, da auch ihm eine mathematische Beschreibung von Massen und Kräften fehlt.

Hier zeigt sich Schusters Erklärungsstil, der darin besteht, bestimmte Desiderata – sei es die mathematische Beschreibung der Bewegung oder die Regeln einer Methode – in absolutistischer Weise zu beschreiben. (Im Fall der Bewegung führt er deren newtonsche Merkmale wie Masse und Kräfte an; im Fall der Methode die Anforderungen an Universalität und Übertragbarkeit). Dann nimmt er ein Randbeispiel aus Descartes' Werk (die Wirbeltheorie der Gravitation oder die Wissenschaft der Magnete) und schließt daraus, dass Descartes das Desiderat nicht erreicht habe (d. h. er habe Bewegung nicht mittels Massen und Kräften beschrieben; seine Methode sei nicht universal und übertragbar).

1.4 Schlussfolgerung

Ich halte diese Interpretation – (i) der *mathesis universalis* als gescheitertes Projekt, (ii) der Methode Descartes' als eine Art Rhetorik und (iii) der Physik Descartes' als Naturphilosophie – für verfehlt. Der gemeinsame Nenner dieser Irrtümer ist ein Mangel an Klarheit bezüglich der grundlegenden Begriffe, die diesen Deutungen zugrunde liegen. Das Hauptproblem bei der Interpretation von Descartes' Physik scheint zu sein, dass wir keine hinreichend klare Vorstellung davon haben, was wir eigentlich interpretieren. Descartes war ein außerordentlich guter Mathematiker, einer der zehn größten Mathematiker des siebzehnten

[11] Am nächsten kommt Schuster einer Erklärung vielleicht in folgender Passage: „Die Wirbelmechanik exemplifiziert das, was wir einen ‚plenistisch–realistischen' Erklärungsstil nennen können, der das gesamte naturphilosophische Projekt von Descartes durchdringt. Dieser Stil verbietet mathematische Abstraktion oder Idealisierung der Art, wie sie in den traditionellen gemischten mathematischen Wissenschaften und in der Mechanik Galileis, die 1638 erscheinen sollte, zu finden ist" (Schuster 2013b, S. 73). Descartes' Scheitern, Bewegung zu mathematisieren, wird also durch seinen ungeeigneten Argumentationsstil erklärt.

Jahrhunderts. Wir verfügen schlicht nicht über genügend Erfahrung mit einem Intellekt dieser Qualität. Daher werde ich im folgenden Text viermal hintereinander die sokratische Frage Τι εστι? stellen. Ich werde der Reihe nach fragen: (i) *Wer war Descartes?* (ii) *Was war seine ‚mathesis universalis'?* (iii) *Was war seine Methode?* und (iv) *Was war seine mathematische Physik?* Dabei werde ich eine in der Psychologie gebräuchliche Technik anwenden, dieselbe Frage immer wieder zu stellen, um stereotype Antworten zu beseitigen.

Kapitel 2
Wer war Descartes?

Descartes gilt als einer der Begründer der modernen Erkenntnistheorie und als Schöpfer einer dualistischen Metaphysik. Aus diesem Grund werden Bücher über Descartes in der Regel von Philosophiehistorikern verfasst. Wenn Mathematikhistoriker wie Henk Bos oder Chikara Sasaki über Descartes schreiben, beschränken sie sich darauf, einen bestimmten Aspekt von Descartes' Werk zu interpretieren. So ist es auch in *Redefining Geometrical Exactness, Descartes' Transformation of the Early Modern Concept of Construction* (Bos 2001) und *Descartes' Mathematical Thought* (Sasaki 2003). Die Deutung von Descartes' Lebensgeschichte und das Gesamtbild seines Werks bleiben somit in den Händen der Philosophiehistoriker. Der mathematische Aspekt von Descartes' Werk wird dadurch zu einer Art Zierde im Schaffen eines Denkers, dessen Lebenswerk sich im Bereich der Philosophie abspielte.[1]

Dennoch müssen wir, wenn wir Descartes verstehen wollen, uns vor Augen halten, dass er vielleicht einer der einflussreichsten Mathematiker aller Zeiten war, vergleichbar mit Euklid, Newton, Euler, Cantor, Frege, Hilbert oder Turing.[2] In der Regel ist uns dies nicht bewusst, und wir betrachten Descartes' Rolle als Mathematiker als bloßes biografisches Detail, ähnlich wie den Ort seiner Geburt. Daher besteht die Aufgabe eines jeden, der sich ernsthaft mit Descartes auseinandersetzen will, zumindest einmal darin, sich auf eine Meditation einzulassen, in der alles bisher über Descartes Gelernte beiseitegelassen wird, um zu einer klaren Vorstellung von der Natur seines mathematischen Talents zu gelangen.

---

[1] Bos schreibt: „Descartes' Mathematik war die Mathematik eines Philosophen. Von der frühesten dokumentierten Phase seiner intellektuellen Laufbahn an war die Mathematik eine Inspirationsquelle und ein Vorbild für seine Philosophie, und umgekehrt beeinflussten seine philosophischen Anliegen seinen Stil und sein Programm in der Mathematik maßgeblich" (Bos 2001, S. 228).

[2] Damit soll die Bedeutung Descartes' als Philosoph nicht in Abrede gestellt werden. Ich möchte lediglich auf sein mathematisches Talent hinweisen.

L. Kvasz, *Descartes über Mathematik, Methode und Bewegung*,
https://doi.org/10.1007/978-3-032-04684-0_2

2.1 Descartes als Mathematiker

Descartes war Mathematiker. Auf den ersten Blick scheint klar zu sein, was es bedeutet, jemanden als Mathematiker zu bezeichnen. Doch müssen wir akzeptieren, dass wir im Fall eines Descartes eigentlich nicht wissen, was das heißt. Wir alle kennen Mathematik; wir haben sie in der Schule gelernt. Wir stellen uns einen Mathematiker als jemanden vor, der Mathematik betreibt. Uns fehlt eine klare Vorstellung davon, was ein Mathematiker tut, aber vermutlich verbringt er seine Zeit mit vielen Rechnungen, dem Lösen von Aufgaben und dem Beweisen von Sätzen. Wenn wir ein solches Bild vom Mathematiker haben, verstehen wir Descartes nicht.

Für die meisten von uns kam die Mathematik von außen in unser Leben. Sie wurde uns in der Schule vermittelt, und meist identifizieren wir Mathematik mit dem, was wir dort kennengelernt haben, also mit ihren äußeren Erscheinungsformen wie Rechnen und Problemlösen. So scheint auch für Gaukroger, Garber und Schuster Mathematik in Erscheinung getreten zu sein. Sie betrachten Descartes' Physik nicht als mathematische Physik, weil sie nicht die typischen äußeren Merkmale der Mathematik aufweist, wie Rechnungen, Symbolgebrauch und geometrische Diagramme. Es gibt jedoch Kinder, denen man nicht erklären muss, was Mathematik ist, weil sie ihnen nicht von außen begegnet. Sie entdecken die Mathematik in sich selbst. Zu ihnen gehörten Newton, Euler, Galois, Ramanujan und Grothendieck. Für sie ist Mathematik etwas ganz Natürliches. Für sie ergibt es keinen Sinn, Mathematik zu lernen, so wenig wie es Sinn ergibt, das Atmen zu lernen.[3] Wenn Descartes sagt, mathematische Ideen seien angeboren, beschreibt er womöglich seine eigene Erfahrung. Das Bewusstsein dieser Tatsache kann tiefgreifende Auswirkungen auf das Verständnis von Descartes' Werk haben. Es bedeutet, dass Descartes Mathematik nicht nur dort sieht, wo wir, die wir Mathematik in der Schule gelernt haben, sie erkennen: Er findet Mathematik auch dort, wo sie zuvor niemand gesehen hat. So war er beispielsweise in der Lage, in einem algebraischen Polynom eine geometrische Gestalt zu entdecken, wo seine Vorgänger keine Geometrie erkannten. Die erste Antwort auf die Frage – also *Was ist ein Mathematiker von Descartes' Rang?* – lautet daher: Es ist jemand, der die Mathematik in sich selbst findet und sie dann in seiner Umgebung wiedererkennt.

Pál Erdős, ein bedeutender ungarischer Mathematiker, pflegte zu sagen, Gott habe im Himmel ein Buch, in dem der schönste Beweis jedes Satzes verzeichnet sei. Nach Erdős muss ein Mathematiker nicht an Gott glauben, aber er muss an

[3] Dieses Phänomen ist außergewöhnlich, aber Descartes war eine außergewöhnliche Persönlichkeit. Über das Werk von Ramanujan hat Hardy ein Buch geschrieben (Hardy 1940), und über sein Leben wurde der Film *The Man Who Knew Infinity* gedreht. Descartes war, anders als Ramanujan, kein Zahlentheoretiker: Sein mathematisches Talent lag auf einem anderen Gebiet. Wenn wir uns jedoch eine vorläufige Vorstellung davon machen wollen, wie es ist, ein Descartes zu sein, ist Ramanujans Beispiel hilfreich, weil es die unbändige Natur und überwältigende Kraft mathematischen Talents von Descartes' Kaliber veranschaulicht.

Das Buch glauben. Das größte Lob, das man erhalten konnte, war, wenn Erdős sagte, der eigene Beweis stamme „aus *dem Buch*“. Erdős’ Kollegen sammelten Beweise, die nach Erdős „aus *dem Buch*“ waren, und veröffentlichten sie als *Proofs from THE BOOK* (Aigner und Ziegler 1998). Auch wenn Descartes’ Lösung des Pappus-Problems nicht in diesem Buch enthalten ist, sind Descartes’ mathematische Qualitäten leicht zu erkennen. Sie wurden zum Beispiel von William Shea wahrgenommen, dem Autor von *The Magic of Numbers and Motion, The Scientific Career of René Descartes.*

In seinem Buch erwähnt Shea Descartes’ Fehler, von der Gleichung $\frac{x^3}{7} = x + 2$ zu einer Gleichung einfacheren Typs $x^3 = x + 2$ überzugehen, von der er behauptete, sie mit dem Proportionalzirkel lösen zu können,[4] „unter der Annahme, dass [die Lösung der ursprünglichen Gleichung] nach Lösung der Gleichung $x^3 = x + 2$ durch einfache Multiplikation wiederhergestellt werden könne. Es gibt zwei weitere Fälle in den *Cogitationes Privatae,* in denen derselbe Fehler auftritt.“ Shea fasst seine Beobachtungen folgendermaßen zusammen: „Diese Fehler sollten uns nicht den Blick auf die Größe von Descartes’ Entdeckung einer praktischen Methode zur Lösung kubischer Gleichungen verstellen“ (Shea 1991, S. 43). Schuster kommentiert denselben Fehler, kommt aber zu einer anderen Schlussfolgerung: „Er [der Fehler] scheint aus Descartes’ Wunsch zu resultieren, seine Lösungen zu verallgemeinern, und aus seiner noch beträchtlichen Naivität hinsichtlich der Prinzipien der Algebra“ (Schuster 2013a, S. 241).

Bemerkenswert ist, dass auch Chikara Sasaki diesen Fehler kommentiert; dennoch gelangt er zu einer anderen Einschätzung: „Doch dieser Fehler ist nicht wesentlich und lässt sich durch eine einfache Transformation der Wurzel leicht beheben“ (Sasaki 2003, S. 114). Was die Deutung von Descartes’ Fehler betrifft, so schließe ich mich Sasaki an. Die einfache Transformation der Wurzel lässt sich leicht finden. Betrachten wir die Gleichung $x^3 = x + \frac{2}{\sqrt{7}}$ (eine Gleichung einfacheren Typs mit leicht verändertem Absolutglied)[5] und bestimmen mit dem Proportionalzirkel ihre Lösung t, so ist $x = \sqrt{7}t$ die Lösung der ursprünglichen Gleichung $\frac{x^3}{7} = x + 2$, was sich durch Einsetzen von x als $\sqrt{7}t$ in die ursprüngliche Gleichung überprüfen lässt. Somit gilt: *Descartes hatte recht:* Aus der Lösung einer Gleichung einfacheren Typs lässt sich die Lösung der ursprünglichen Gleichung durch gewöhnliche Multiplikation gewinnen. Lediglich das Absolutglied der einfacheren Gleichung muss angepasst werden, sodass der von Shea, Schuster und Sasaki erwähnte angebliche Fehler weder ein konzeptioneller noch ein technischer war. Seine Korrektur erfordert weder eine Änderung des allgemeinen Ansatzes noch die Einführung einer anderen Methode. Es genügt, auf den genauen Wert der Koeffizienten der Gleichung einfacheren Typs zu achten.

---

[4] Mit „Gleichung einfacheren Typs“ ist eine Gleichung gemeint, die sowohl beim Koeffizienten von x^3 als auch von x den Wert 1 besitzt, aber so beschaffen ist, dass sich aus der Kenntnis ihrer Lösung die Lösung der ursprünglichen Gleichung rekonstruieren lässt.

[5] Da die Quadratwurzel aus sieben mit Zirkel und Lineal konstruiert werden kann, besteht aus geometrischer Sicht kein wirklicher Unterschied zwischen den beiden Gleichungen. Beide sind mit dem Proportionalzirkel zugänglich.

Schuster weist auf einen weiteren angeblichen Fehler von Descartes hin, nämlich dass er „offenbar nicht bemerkt hat, dass der Zirkel auf keine ‚Spezies' der Gleichung anwendbar ist, in der ein negativer Term auf der rechten Seite erscheint. … die Fälle $x^3 = -bx + c$, $x^3 = bx - c$ oder $x^3 = -bx - c$ *können mit seiner instrumentellen Methode nicht gelöst werden*" (Schuster 2013a, S. 241, Hervorhebung im Original).[6] Schuster scheint die Möglichkeiten der Algebra des 16. Jahrhunderts unterschätzt zu haben. Nehmen wir die drei Fälle in der von Schuster genannten Reihenfolge.

Erstens betrachten wir die Gleichung $x^3 = -bx + c$. Ein Kunstgriff, genannt *proton eschaton* (Viète 1615, S. 246–250), kann in diesem Fall angewendet werden, wie von Viète entdeckt und in seinem Werk *De Aequationum Recognitione et Emandatione tractus Duo* veröffentlicht.[7] In Viètes Symbolik, die das Homogenitätsprinzip bewahrt, ist der Kunstgriff etwas komplizierter, aber da wir Descartes interpretieren, können wir Viètes Kunstgriff in Descartes' etwas einfachere Symbolik übertragen, die dem Homogenitätsprinzip nicht folgt. Der Trick besteht darin, eine neue Unbekannte y einzuführen, indem man $y = \frac{1}{x}$ substituiert. Die von Schuster angegebene Gleichung nimmt damit die Form $\frac{1}{y^3} = -b\frac{1}{y} + c$ an. Multiplizieren wir die Gleichung mit y^3, so erhalten wir $1 = -by^2 + cy^3$. Bringen wir den Term $-by^2$ auf die andere Seite der Gleichung, teilen durch c und vertauschen die Seiten, sodass y^3 wie üblich auf der linken Seite steht, so ergibt sich $y^3 = \frac{b}{c}y^2 + \frac{1}{c}$. Das negative Vorzeichen ist nun entfernt, aber wir sind noch nicht am Ziel, da auf der rechten Seite eine zweite Potenz von y steht. Um diese zu eliminieren, verwenden wir eine neue Substitution, diesmal $y = (z + \frac{b}{3c})$. Die einzelnen Rechenschritte (Substitution von $z + \frac{b}{3c}$ für y, Multiplikation und Zusammenfassen gleicher Potenzen von z) führe ich hier nicht im Detail aus. Ich gebe nur die resultierende Gleichung an $z^3 = \frac{b^2}{3c^2}z + \frac{2b^3+27c^2}{27c^3}$, die eine Gleichung der Form ist, die mit dem Proportionalzirkel gelöst werden kann. Dazu muss die Gleichung zunächst, wie von Descartes in der von Shea kritisierten Passage vorgeschlagen, vereinfacht werden. Wir führen daher eine neue Variable u anstelle von z durch die Substitution $z = \frac{b}{\sqrt{3}c}u$ ein. Für die Variable u erhalten wir $u^3 = u + \frac{\sqrt{3}(2b^3+27c^2)}{9b^3}$, was eine Gleichung des einfacheren Typs ist, die mit dem Proportionalzirkel gelöst werden kann. Anschließend muss man die Substitutionen in umgekehrter Reihenfolge zurückverfolgen, bis man den Wert von x erhält.

Zweitens betrachten wir die Gleichung $x^3 = bx - c$ und bilden eine Hilfsgleichung $y^3 = by + c$, in der der negative Term durch einen positiven ersetzt wurde. Da die Hilfsgleichung keine negativen Terme enthält, kann sie mit dem Proportionalzirkel gelöst werden. Nachdem sie gelöst ist, kann y als bekannte Größe behandelt werden, und wir können einen von Cardano erfundenen und in

[6] Schuster behauptet nicht nur, dass Descartes diese Gleichungen nicht lösen konnte, sondern dass sie *mit seiner Methode nicht gelöst werden können.* Vielleicht liegt hier irgendwo die Wurzel von Schusters ablehnender Haltung gegenüber der Methode von Descartes.

[7] Zu Einzelheiten über Leben und Werk von Viète siehe Busard (1972).

Kapitel XIII seiner *Ars Magna* (Cardano 1545) veröffentlichten Kunstgriff anwenden: Durch Addition der beiden Gleichungen erhalten wir

$$x^3 + y^3 = bx - c + by + c.$$

Man sieht, dass sich auf der rechten Seite das c heraushebt. Die linke Seite lässt sich in Produktform umschreiben (was sich durch einfaches Ausmultiplizieren überprüfen lässt)

$$(x + y)(x^2 - xy + y^2) = b(x + y).$$

Wenn wir $(x+y)$ auf beiden Seiten kürzen[8] und berücksichtigen, dass y bekannt ist, erhalten wir eine quadratische Gleichung für x (wobei x die Unbekannte und y eine bekannte Zahl ist)

$$x^2 - (y)x + (y^2 - b) = 0,$$

die sich leicht lösen lässt. Der Trick besteht also darin, dass wir die Gleichung mit negativem Koeffizienten, $-c$, durch eine Hilfsgleichung mit positivem Koeffizienten c ersetzen, diese mit dem Proportionalzirkel lösen und dann die Lösung y der Hilfsgleichung verwenden, um die Lösung x der ursprünglichen Gleichung mittels einer einfachen quadratischen Gleichung zu erhalten.

Drittens betrachten wir die Gleichung $x^3 = -bx - c$. Setzen wir $x = -y$, so erhalten wir für y die Gleichung $-y^3 = by - c$. Multiplizieren wir die gesamte Gleichung mit -1, so erhalten wir die Hilfsgleichung $y^3 = -by + c$ erster Art. Wir haben gezeigt, wie sie in einen Typ umgewandelt werden kann, der mit dem Proportionalzirkel lösbar ist. Wenn wir sie gelöst haben, können wir von y zur ursprünglichen Unbekannten x zurückkehren. Das einzige Problem in diesem Fall ist, dass wir alle Lösungen der Hilfsgleichung berücksichtigen müssen, da einer positiven Lösung der ursprünglichen Gleichung eine negative Lösung der Hilfsgleichung entspricht. Für Cardano oder Viète mag dies ein Problem gewesen sein, aber Descartes überwand die Gewohnheit, die negativen Lösungen von Gleichungen zu ignorieren.

Es zeigt sich, dass *alle drei Fälle,* die laut Schuster mit Descartes' instrumenteller Methode nicht gelöst werden können, durch ein Verfahren gelöst werden können, das Descartes zur Verfügung stand. Dass Descartes Cardano und Viète gelesen hat, ist höchst wahrscheinlich, und selbst wenn nicht, handelt es sich um elementare Kunstgriffe, die ein Mathematiker von Descartes' Rang sicher selbst hätte entdecken können. Heute erscheinen uns diese Tricks bizarr, da wir negative Zahlen voll akzeptieren und es daher für uns keinen Sinn ergibt, spezielle Techniken zur Lösung von Gleichungen mit negativen Koeffizienten zu entwickeln. Um jedoch Descartes' Methode zur Lösung kubischer Gleichungen mittels Proportionalzirkel zu würdigen, muss man den Kontext dieser Methode verstehen, d. h. die

[8] Zu Cardanos Zeiten galten nur positive Werte als Lösungen einer Gleichung. Wenn sowohl x als auch y als positive Lösungen der jeweiligen Gleichungen betrachtet werden, ist $(x + y)$ positiv, sodass wir beide Seiten durch diesen Ausdruck teilen können.

Algebra des 16. Jahrhunderts. Insgesamt handelt es sich um Randbemerkungen – oder es wären solche, wenn Schuster aus den angeblichen Fehlern Descartes' und den vermeintlichen Begrenzungen seiner algebraischen Verfahren nicht weitreichende Schlüsse über das Scheitern des Projekts der *mathesis universalis* gezogen und behauptet hätte, es sei ein von Anfang an zum Scheitern verurteilter Traum gewesen. Darüber hinaus behauptete er, dass Descartes, als er das Scheitern seines Projekts erkannt habe, eine ernsthafte Krise durchlebt und eine Neuausrichtung seiner Forschung von der mathematisch orientierten *mathesis universalis* hin zu einem verbal orientierten Projekt einer systematischen Naturphilosophie sowie einen Wandel von aufrichtigen methodischen Aussagen zu einer zynischen rhetorischen Haltung vollzogen habe.

Wir müssen uns klar machen: Nichts von dem, was Schuster behauptet, ist tatsächlich geschehen. Descartes' Projekt der *mathesis universalis* war nicht durch Fehler belastet. Wenn Descartes, wie wir alle, gelegentlich Fehler machte, so geschah dies in erläuternden Beispielen in seinen privaten Notizen und seiner Korrespondenz. Diese Fehler ließen sich leicht korrigieren, und das, was Descartes mit solchen Beispielen zeigen wollte, war korrekt. Die Methode, einen Gleichungstyp auf einen anderen zurückzuführen, funktioniert. Ebenso war seine Methode zur Lösung kubischer Gleichungen mit dem Proportionalzirkel nicht begrenzt. Innerhalb der mathematischen Kultur der Zeit Descartes' gab es Techniken, mit denen alle kubischen Gleichungen auf solche reduziert werden konnten, die mit dem Zirkel lösbar sind[9]: Es gibt also keinen Grund zu der Annahme, das Projekt der *mathesis universalis* sei gescheitert. Im Gegenteil, es lebte fort, und eine seiner Früchte war Descartes' *La Géométrie*. Descartes konnte von keinem Zusammenbruch seines Projekts wissen, da es keinen gab. Es gab keine Krise im Jahr 1628 und keine Neuausrichtung von Descartes' Arbeit. Seine Naturphilosophie ist eine Fortsetzung und kein Ersatz seiner *mathesis universalis*. Wir sollten aufhören, Szenarien zu erfinden, die die Irrelevanz von Descartes' Physik zeigen sollen, wie es Garber, Schuster und viele andere Historiker tun, und stattdessen versuchen, sie so zu verstehen, wie Descartes sie immer dargestellt hat: als mathematische Physik und als Anwendung seiner Methode.

Shea hatte recht: Von der speziellen vereinfachten Gleichung, die Descartes angab, führte kein Weg zur Lösung der ursprünglichen Gleichung. Es genügt jedoch eine kleine Korrektur, und alles funktioniert genau so, wie Descartes es

[9] Das bedeutet nicht, dass der Proportionalzirkel keine Grenzen hätte. Er stößt bei Gleichungen fünften Grades an seine Grenzen, da diese nicht durch Radikalen gelöst werden können und somit auch nicht mit dem Zirkel. Auch bei Gleichungen vierten Grades ist Schluss. Das Problem aus Sicht von Descartes' Methode ist, dass Gleichungen vierten Grades nicht auf Gleichungen mit nur drei Gliedern reduziert werden können, wie es der Zirkel erfordert. Ferraris Verfahren zur Lösung dieser Gleichungen lässt sich nicht *nachbilden* mit dem Proportionalzirkel, da es einen Schritt enthält, bei dem die Wurzeln beider Seiten einer biquadratischen Gleichung gezogen werden, was der Zirkel nicht zulässt. Dennoch ist es möglich, Ferraris Lösung auf dem Proportionalzirkel zu konstruieren, nachdem sie in der symbolischen Sprache der Algebra als Formel ausgedrückt wurde.

behauptete. Darüber hinaus gilt dies nicht nur für dieses spezielle Beispiel. Wenn Descartes über seine Physik sagte, sie sei Mathematik, sollten wir das ebenso ernst nehmen, wie wenn es Newton, Riemann oder Poincaré gesagt hätten. Was Descartes über Mathematik sagt, ist mit großer Wahrscheinlichkeit zutreffend, und wenn wir es nicht so sehen, liegt der Fehler vermutlich bei uns. Das bedeutet nicht, dass Descartes unfehlbar war[10], sondern dass er als Mathematiker einfach sehr, sehr gut war.

Es ist bemerkenswert, dass die Tendenz, die mathematischen Leistungen des jungen Descartes geringzuschätzen, nicht auf Schuster und Shea beschränkt ist. Auch David Rabouin äußert sich in seinem Kommentar zu Descartes' Lösung der Gleichung $x^2=6x+7$ folgendermaßen: „Aber welches Beispiel wählte er? Die Lösung einer quadratischen Gleichung durch eine einfache Manipulation von Quadraten, also eine der elementarsten Techniken der Algebra, die seit Al-Khwarizmi bekannt ist!" (Rabouin 2010, S. 439). Für die Gleichung $x^2=6x+7$ bietet Al-Khwarizmi jedoch einen Beweis mit einem anderen Diagramm als dem von Descartes präsentierten. Das von Descartes verwendete Diagramm, das in Rabouins Aufsatz wiedergegeben ist, findet sich auch bei Al-Khwarizmi, allerdings für eine Gleichung (wenn man ihre verbale Form in Symbole übersetzt) der Form $x^2+6x=7$. In gewisser Weise verwendet Descartes also Al-Khwarizmis Diagramm, aber mit dem Term $6x$ auf der anderen Seite der Gleichung. Dies entspricht dem negativen Wert des Koeffizienten. Man könnte daher sagen, dass Descartes versucht, die Fälle mit positiven und negativen Koeffizienten im linearen Glied in einem gemeinsamen Beweis zu vereinen.

Rabouin hat vielleicht recht, dass dies keine bahnbrechende Leistung ist, aber es ist auch nicht so völlig trivial, wie er behauptet, und es fügt sich gut in die oben diskutierten drei Fälle ein, bei denen es ebenfalls darum ging, die Fälle mit negativen Koeffizienten in den allgemeinen Fall zu integrieren. Rabouins Kritik, in Fußnote 12 auf derselben Seite von Sasakis Interpretation des Textes, aus dem dieses Beispiel stammt, ist jedoch völlig berechtigt. Kehren wir jedoch zu den kubischen Gleichungen zurück.

Die von Shea diskutierte Gleichung $\frac{x^3}{7} = x + 2$ ist der berühmten Gleichung $x^3 = 7x+6$, die Cardano als *casus irreducibilis* bezeichnete, recht ähnlich. Cardanos Gleichung besitzt ganzzahlige Lösungen (3, -2 und -1), doch erscheint in Cardanos Regel trotz dieser Tatsache eine negative Zahl unter dem Wurzelzeichen, was für die Mathematiker zu Cardanos Zeiten keinen Sinn ergab. Descartes zeigt, dass in einer ähnlichen Situation, in der Cardanos Verfahren versagt,

[10] Sasaki erwähnt einen weiteren Fehler (Sasaki 2003, S. 116), der sich nicht so leicht korrigieren lässt. Doch auch hier geht es um den Versuch, einen kürzeren Weg zur Lösung kubischer Gleichungen mit gleichen Koeffizienten des linearen und des quadratischen Gliedes der Unbekannten zu finden. Der Standardweg, der darin besteht, das quadratische Glied zu eliminieren und dann die Koeffizienten des kubischen und des linearen Gliedes auf 1 zu bringen, sodass eine mit dem Zirkel lösbare Gleichung entsteht, funktioniert weiterhin. Der Fehler gefährdet also nicht Descartes' Behauptung, dass er mit seiner Methode alle kubischen Gleichungen lösen kann.

sein Proportionalzirkel zum Erfolg führt.[11] Der Proportionalzirkel kann also Probleme lösen, bei denen algebraische Verfahren (wie etwa Cardanos Formel) versagen. Somit war, entgegen Schusters Behauptung, Descartes' *mathesis universalis* nicht eingeschränkt, sondern ermöglichte es den Mathematikern, einige der Begrenzungen der Mathematik zu Descartes' Zeit zu überwinden.

Die erste Antwort auf die Frage „Τι εστι Descartes?" ist also, dass er ein Mathematiker war, der Lösungen für Probleme bieten konnte, die selbst heutige Wissenschaftshistoriker überraschen.[12] Doch damit ist die Geschichte nicht zu Ende, und so wollen wir die Frage erneut stellen.

2.2 Descartes als Erfinder der symbolischen Algebra und der analytischen Geometrie

Neben der auf die Lösung mathematischer Probleme ausgerichteten Kreativität, die sich in Descartes' schöpferischem Einsatz des Proportionalzirkels zur Lösung kubischer Gleichungen zeigt, gibt es noch einen weiteren, ganz anderen Aspekt von Descartes' mathematischer Kreativität: die Fähigkeit, zuvor mathematisch unberührte Bereiche zu mathematizieren. Es ist die Fähigkeit, Mathematik dort zu erkennen, wo sie zuvor niemand gesehen hat. Zu den Mathematikern mit dieser Art von Kreativität zählen auch Jacob Bernoulli, der einen Weg fand, den Zufall mathematisch zu fassen und in Wahrscheinlichkeit zu verwandeln; Bernhard Riemann, der einen Weg fand, den mehrdimensionalen Raum mathematisch zu erfassen; Henri Poincaré, der einen Weg fand, das chaotische Verhalten dynamischer Systeme mathematisch zu beschreiben; und Alan Turing, der einen Weg fand, das Konzept des Algorithmus mathematisch zu fassen. Diese Entdeckungen bestehen

---

[11] Teilt man Cardanos *casus irreducibilis* $x^3 = 7x + 6$ durch 7 (um den Koeffizienten bei x auf 1 zu bringen), so erhält man $\frac{x^3}{7} = x + \frac{6}{7}$. Die Hilfsgleichung lautet $y^3 = y + \frac{6}{7.\sqrt{7}}$ (wir haben den letzten Term durch $\sqrt{7}$ geteilt, was Descartes vergaß). Es handelt sich um eine Gleichungsart, die mit dem Proportionalzirkel gelöst werden kann. Wenn wir dies tun und die Lösung der Hilfsgleichung $y = p$ finden, dann ist $x = \sqrt{7}p$ die Lösung der ursprünglichen Gleichung. Natürlich wissen wir, dass p (das Descartes mit seinem Zirkel ablesen würde) $\frac{3}{\sqrt{7}}$ sein muss, sodass x gleich 3 ist. Dies ist die Lösung, die Cardano kannte. Der Unterschied besteht darin, dass Cardano sie nur erriet, da sein Verfahren versagte: *casus irreducibilis* führt zu einer negativen Zahl unter dem Wurzelzeichen. Im Gegensatz dazu funktioniert Descartes' Verfahren und liefert die korrekte Lösung. Wahrscheinlich war Descartes der Erste, der *verstehen konnte,* dass der *casus irreducibilis* kein ernsthaftes Hindernis, sondern lediglich eine technische Unannehmlichkeit war. Da jede kubische Parabel (die geometrische Kurve, die der kubischen Gleichung entspricht) die x-Achse schneidet, besitzt ihre Gleichung eine Lösung in den reellen Zahlen.

[12] Ich fand die Lösungen der Gleichungen, die Schuster mit den Descartes zur Verfügung stehenden Mitteln für unlösbar erklärte, weil ich Kurse zur Geschichte der Algebra für angehende Mathematiklehrer unterrichtete. Wir widmeten eine Vorlesung Viète, und ich las Schusters Buch, als ich diese Vorlesung vorbereitete. Allerdings interessiert sich heute, abgesehen von Historikern, niemand mehr für die komplizierten Techniken, die Viète erfand.

nicht darin, ein bestimmtes Problem zu lösen, sondern darin, ein völlig neues Feld für mathematische Untersuchungen zu eröffnen. Descartes kann mit Recht als ein Mathematiker dieser Art bezeichnet werden. Das Universum der in der euklidischen Geometrie bekannten Kurven war sehr begrenzt. Die antiken Mathematiker kannten nur wenige Kurven – den Kreis, die Parabel, Hyperbel, Ellipse, Konchoide, Zissoide, Spirale und Quadratrix (siehe Brieskorn und Knörrer 1981). Durch die Schaffung der analytischen Geometrie machte Descartes der mathematischen Forschung eine unendliche Zahl neuer Kurven zugänglich.

Wir müssen jedoch bedenken, dass Mathematiker wie Jacob Bernoulli, Bernhard Riemann, Henri Poincaré und Alan Turing der Mathematik auf eine andere Weise begegnen als Problemlöser wie Hardy, Ramanujan und Erdős. Sie sind in der Lage, Mathematik selbst dort zu erkennen, wo niemand sie erwartet hätte. Descartes war nicht nur ein kreativer Mathematiker; er war ein kreativer Mathematiker dieser besonderen Art. Dass wir Descartes nicht verstehen, könnte damit zusammenhängen, dass wir uns dieser Form mathematischer Kreativität nicht voll bewusst sind. Es ist durchaus möglich, diskursiv vorzugehen, wenn man ein neues Feld mathematiziert. Dies lässt sich am berühmten Aufsatz von Riemann *Über die Hypothesen, welche der Geometrie zu Grunde liegen* (Riemann 1868) illustrieren. Er stellt einen bedeutenden Wendepunkt in der Geschichte der Geometrie dar. Riemann zeigte, dass die Geometrie nicht auf die Anschauung beschränkt sein muss, wie Kant geglaubt hatte. Dennoch ist Riemanns Aufsatz in gewöhnlicher Sprache verfasst, ohne jegliche Verwendung von Symbolen oder Diagrammen. Wenn wir Descartes neben Mathematiker wie Bernoulli, Riemann, Poincaré und Turing stellen, eröffnet sich eine neue Perspektive für das Verständnis seiner Physik. Dass er in seiner Physik keine mathematischen Symbole verwendete, disqualifiziert sie nicht als mathematische Physik. Descartes' Physik kann auf dieselbe Weise mathematisch sein wie Riemanns Aufsatz, nämlich als Versuch, ein Phänomen zu mathematizieren, das sich bisher der Mathematik entzogen hatte. Für Riemann war es die Mathematik des mehrdimensionalen Raums, für Descartes die Mathematik der Wechselwirkungen zwischen Körpern.

Wenn wir Descartes aus dieser Perspektive verstehen wollen, ist es hilfreich, sich daran zu erinnern, was üblicherweise mit Descartes als Mathematiker verbunden wird: (**1**) die Standardisierung der algebraischen Symbolik, insbesondere die Konventionen für Variablen und deren Potenzen, wodurch er (gemeinsam mit Viète) als Schöpfer der symbolischen Algebra gilt; (**2**) die Einführung des Begriffs des Polynoms und dessen Irreduzibilität; (**3**) die Schaffung des ersten algebraischen Körpers, der reicher ist als das System der rationalen Zahlen; (**4**) die Entwicklung einer neuen Verbindung zwischen algebraischen Operationen und Geometrie; (**5**) die Beendigung der synthetischen Geometrie als Forschungsgebiet[13]; (**6**) die Veranschaulichung algebraischer Polynome durch Kurven; (**7**) die

[13] Heute würde man vergeblich nach Experten suchen, die sich mit der Weiterentwicklung der synthetischen Geometrie beschäftigen. Die Methoden der analytischen Geometrie ermöglichen es, die Probleme der synthetischen Geometrie effizienter zu lösen als mit den Methoden der synthetischen Geometrie selbst. Hilberts Forschung widerlegt diese These nicht, da er selbst Mo-

Entwicklung einer neuen Methode zur Erzeugung von Kurven, wodurch er (zusammen mit Fermat) als Begründer der analytischen Geometrie gilt; und (**8**) die Klassifikation algebraischer Kurven. Um diese Neuerungen zu verstehen, wollen wir sie kurz in Erinnerung rufen.

Beginnen wir mit der Algebra. Dass wir Unbekannte mit x, y, z bezeichnen, also Kleinbuchstaben vom Ende des Alphabets, und Parameter mit a, b, c, also Kleinbuchstaben vom Anfang des Alphabets; dass wir die sechste Potenz der Unbekannten als x^6 schreiben, also die Potenz als rechten Hochindex angeben, und dass wir die Quadratwurzel von x als $\sqrt{x}$ schreiben, also die Variable unter das Wurzelzeichen setzen – all dies verdanken wir Descartes. Auch wenn dies auf den ersten Blick wie unwichtige Details der mathematischen Symbolik erscheinen mag, sind sie bedeutsam, weil sie unserem Denken neue Möglichkeiten eröffnen. Dies lässt sich am Beispiel der Gleichungen verdeutlichen. Mathematiker vor Descartes konnten *bestimmte* Gleichungen dritten Grades lösen, die sie etwa so schrieben: $c+3r=8$ (hier ist c der erste Buchstabe des Wortes *cubus* und bezeichnet die dritte Potenz der Unbekannten, und r ist der erste Buchstabe von *res,* also „Ding", und steht für die Unbekannte). Sie verstanden eine Gleichung als die Gleichheit zweier Terme. Descartes würde diese Gleichung als $x^3+3x - 8=0$ schreiben, also alle Terme auf die linke Seite bringen. Das scheint eine kleine Änderung zu sein, eröffnet aber die Möglichkeit, anstelle der Null eine neue Unbekannte y einzusetzen und so die Gleichung einer Kurve $y=x^3+3x - 8$ zu erhalten. Auf diese Weise kann jeder algebraischen Gleichung eine entsprechende geometrische Kurve zugeordnet werden. Die Gleichungen waren ursprünglich rein symbolische Objekte, die durch algebraische Operationen umgeformt werden konnten, ohne dass ihnen ein geometrisches Objekt zugeordnet war. Descartes ordnete einer algebraischen Gleichung eine geometrische Kurve zu. Was die Gleichung „aussagt", konnte nun sichtbar gemacht werden. Dass Descartes diese Verbindung zwischen Algebra und Geometrie entdeckte, war ein kleines Wunder; ermöglicht wurde es durch den scheinbar unwichtigen Schritt, alle Terme einer Gleichung auf eine Seite zu bringen. Dadurch wurde es möglich, die Null durch eine neue Unbekannte zu ersetzen und so den Weg zur Veranschaulichung algebraischer Gleichungen zu eröffnen.

Um diese Veranschaulichung zu ermöglichen, musste Descartes seine Interpretation der algebraischen Operationen ändern. Seit der Zeit Euklids betrachteten Mathematiker das Produkt zweier Größen (zum Beispiel x und y) als die Fläche eines Rechtecks mit den Seiten x und y. Daher konnte x nicht zu xy addiert werden. Das eine war eine Länge, das andere eine Fläche. Descartes änderte diese Regel und interpretierte das Produkt xy als eine Strecke der Länge xy. Dadurch wurden alle Terme eines Polynoms zu Strecken, die addiert (oder subtrahiert) werden konnten, und die resultierende Strecke konnte im Koordinaten-

delle verwendet, die mit Hilfe der analytischen Geometrie konstruiert wurden, um Sätze *über* das Axiomensystem der synthetischen Geometrie zu beweisen.

system dargestellt werden. Hier zeigt sich eine weitere Dimension von Descartes' Kreativität, die ihn mit Leibniz, Frege, Cantor und Turing verbindet: die Fähigkeit, *die Regeln der mathematischen Sprache zu verändern,* sodass zuvor unaussprechbare Zusammenhänge sprachlich ausgedrückt werden können. Natürlich geht eine Sprachveränderung mit der Arbeit jedes Mathematikers einher, der ein neues Gebiet mathematiziert. Doch das Ausmaß, in dem Descartes, Leibniz, Frege und Turing die Sprache der Mathematik verändert haben, ist einzigartig.

Damit erhalten wir eine zweite Antwort auf die Frage „Τι εστι Descartes?" Er war ein Mathematiker, der in der Lage war, ein völlig neues Universum geometrischer Kurven für die mathematische Forschung zu erschließen. Durch die Veränderung der Regeln der mathematischen Sprache ermöglichte er es, geometrische Kurven durch algebraische Formeln darzustellen und so die hocheffizienten Methoden der Algebra auf die Geometrie anzuwenden. Doch selbst dies ist nicht das Ende der Geschichte, daher wollen wir die Frage ein drittes Mal stellen.

2.3 Descartes als mathematischer Visionär

Neben Problemlösern und Mathematikern, die neue Phänomene mathematisiert haben, gibt es eine dritte Gruppe von Mathematikern, nämlich diejenigen, deren Werk die Mathematik als Ganzes verändert hat. Zu dieser Gruppe gehört Euklid, dessen *Elemente* den Kern des Mathematikunterrichts an Grundschulen weltweit bilden; dazu zählen Newton und Leibniz, deren Differential- und Integralrechnung die Grundlage der Ausbildung von Ingenieuren in nahezu allen technischen Disziplinen ist. Zu dieser dritten Gruppe von Mathematikern gehört auch Cantor, dank dessen die gesamte zeitgenössische mathematische Forschung in der Sprache der Mengenlehre formuliert wird. Ebenso zählt Frege dazu, dessen Vorstellung von der Strenge mathematischer Beweise zum Standard für die gesamte moderne Mathematik geworden ist. Mathematiker dieser dritten Gruppe haben die Mathematik nicht nur durch die Erschließung neuer Gebiete bereichert, sondern dies auf eine Weise getan, die zu einer Transformation der Mathematik als Ganzes geführt und neue Maßstäbe für das mathematische Arbeiten gesetzt hat – Maßstäbe, die bis heute gültig sind.

Neben Euklid, Newton, Frege und Cantor gehört auch Descartes in diese Kategorie von Mathematikern. Sein mathematisches Werk hat in hohem Maße den Inhalt, die Form und die Standards der Schulmathematik geprägt, das heißt der grundlegenden symbolischen Algebra und der analytischen Geometrie. Vielleicht ist das der Grund, warum wir dazu neigen, Descartes als Mathematiker *nicht ausreichend zu würdigen.* Er erinnert uns an unseren Mathematiklehrer aus der Schulzeit, vielleicht technisch etwas besser, aber alles, was Descartes tat, ist uns vertraut. Es ist nicht atemberaubend: Jeder, der die Schule abgeschlossen hat, sollte dazu in der Lage sein. Doch wir müssen innehalten und uns bewusst machen, dass dies tatsächlich revolutionär war. Es war eine der drei oder vier radikalsten

Revolutionen in der gesamten Geschichte der Mathematik. Sie war vergleichbar mit Euklids Einführung der axiomatischen Methode oder Freges Etablierung der Maßstäbe strenger logischer Beweisführung.

Jeder, der zu dieser dritten Gruppe von Mathematikern gehört, muss eine Vision gehabt haben. Um Descartes als Mathematiker dieser dritten Gruppe zu erkennen, müssen wir uns klarmachen, dass er (**1**) eine völlig neue Art des mathematischen Arbeitens eingeführt hat, nicht nur neue Begriffe oder Einsichten, sondern einen neuen Stil mathematischer Tätigkeit, bekannt als *symbolische Mathematik;* außerdem, dass (**2**) diese Art des mathematischen Arbeitens sich als so effizient erwiesen hat, dass sie als Ansatz in allen Zweigen der Mathematik übernommen wurde – die gesamte Mathematik nach Descartes ist symbolisch; und (**3**) wir heute diese Veränderung nicht mehr wahrnehmen, einfach weil wir alle die Mathematik durch Descartes' Augen sehen.[14]

Es ist möglich, dass Descartes in der Physik etwas Ähnliches erreichen wollte wie in der Mathematik, nämlich eine völlig neue Art, Physik zu betreiben, zu schaffen. Dies ist ihm jedoch nicht gelungen. Sein Schicksal in der Physik war besiegelt, als Newton erkannte, dass Descartes' Ansatz in der Physik geändert werden musste. Descartes' Idee, das Konzept der Wechselwirkung ins Zentrum der Bewegungsbeschreibung zu stellen, war zwar richtig, aber Newton erkannte, dass Descartes' Verständnis der Wechselwirkung als Kontakt durch ein Verständnis von Wechselwirkungen als Wirkung von Kräften ersetzt werden musste. Ebenso war Descartes' Ansatz, Wechselwirkungen mittels Gleichungen zu beschreiben, korrekt, doch erforderlich war der Übergang von algebraischen zu Differentialgleichungen. Descartes' Arbeiten in der Physik unterschieden sich so grundlegend von allem, was zuvor in der mathematischen Physik (z. B. bei Galilei) und danach (z. B. bei Newton) geschah, dass wir dazu neigen, seine Physik überhaupt nicht als mathematische Physik zu betrachten.

Um die festgefahrene Interpretation von Descartes' Physik zu überwinden, ist es wichtig, das Wesen von Descartes' mathematischem Genie zu verstehen: Es war die Fähigkeit, Mathematik auf völlig neue, symbolische Weise zu betreiben. Dass wir in Descartes' Physik keine Mathematik (im üblichen Sinne des Wortes) erkennen, sollte uns nicht entmutigen. Er hätte eine völlig neue Art, Physik zu betreiben, erfinden können, die logisch konsistent und physikalisch korrekt ist. Anders als seine Mathematik hat sich diese jedoch nicht durchgesetzt. Bereits eine Generation später war Descartes' Art, Bewegung zu mathematisieren, von Newton so weit übertroffen und obsolet gemacht worden, dass wir heute darin keinerlei Mathematik mehr erkennen und sogar das Projekt von Descartes' Physik nicht mehr als mathematische Physik verstehen. Heute wird Bewegung mit völlig ande-

[14] Descartes hat, wie auch Euklid, Newton, Frege und Cantor, diese grundlegende Veränderung nicht allein herbeigeführt. Die Arbeit vieler Mathematiker trug zur Etablierung der *symbolischen Mathematik* bei – man denke an Viète, Fermat, Harriot, Newton und Leibniz. Wenn jedoch ein Name als Initiator dieses Wandels genannt werden müsste, wäre Descartes ein heißer Kandidat.

ren Mitteln mathematisiert – das sollte uns jedoch nicht dazu verleiten, zu leugnen, dass Descartes mathematische Physik betrieb. Es war mathematische Physik, aber eine mathematische Physik, die mit völlig anderen mathematischen Werkzeugen arbeitete. Daher müssen wir die Frage stellen: ‚Τι εστι Descartes' Mathematik?' – Was ist Descartes' Mathematik?

Descartes' Methode zur Lösung kubischer Gleichungen mit dem *Proportionalzirkel* lässt uns erkennen, wie sehr sich Descartes' Mathematik von unserer heutigen Mathematik unterscheiden konnte. Nach der Einführung der reellen Zahlen eine Generation später wurde die Lösung algebraischer Gleichungen mit dem Proportionalzirkel obsolet. Ebenso sind die Methoden zur Beseitigung negativer Koeffizienten in Gleichungen uns heute völlig unbekannt – wir akzeptieren negative Zahlen, daher gibt es keinen Grund, negative Koeffizienten zu entfernen. Es scheint, dass Descartes' Lösung kubischer Gleichungen nur deshalb von Historikern als begrenzt oder gar falsch angesehen wurde, weil diese Methoden heute nicht mehr existieren. Es ist möglich, dass ein ähnliches Missverständnis, wie es Descartes' Methode zur Lösung kubischer Gleichungen begleitet, auch sein Projekt der *mathematischen Physik* begleitet. Auch dieses könnte auf einer vergessenen Mathematik beruhen, also einer Mathematik, die längst durch etwas Besseres ersetzt und daraufhin völlig vergessen wurde. Deshalb sollten wir im nächsten Abschnitt versuchen, die Mathematik, wie wir sie heute kennen, zu vergessen und nach einer völlig anderen Art von Mathematik Ausschau zu halten.

Kapitel 3
Was ist *Mathesis Universalis?*

Schuster versucht, die Bedeutung von Descartes' *mathesis universalis* herunterzuspielen und stellt sie als jugendlichen Zeitvertreib mit einem bizarren mechanischen Gerät – dem Proportionalzirkel – dar. In seinem Aufsatz *What Descartes knew of mathematics in 1628* warnt Rabouin jedoch vor einer anderen methodologischen Gefahr: „Mein Argument ist, dass man der Versuchung widerstehen sollte, auf diese Dokumente die einheitliche Sichtweise zu projizieren, die durch den geometrischen Kalkül in *La Géométrie* ermöglicht wird" (Rabouin 2010, S. 430). Ich werde versuchen, Rabouins Vorschlag zu folgen und in Descartes' mathematischem Werk mehrere *begrifflich unterschiedliche* Schichten zu identifizieren, von denen der geometrische Kalkül der *La Géométrie* zwar vielleicht die wichtigste und bekannteste, aber nur eine ist. Meiner Ansicht nach endete Descartes' Projekt der *mathesis universalis* nicht mit der Aufgabe der *Regulae.*[1] Im Gegenteil, ich glaube, dass Descartes seine Idee der *mathesis universalis* nach und nach erweiterte, vertiefte, radikalisierte und verfeinerte. Eines ihrer späteren Ergebnisse war die in *La Géométrie* von 1637 vorgestellte analytische Geometrie, doch zuvor hatte sie Descartes zu einem ontologischen Verständnis der Geometrie geführt, das das Rückgrat des Systems von *Le Monde* und von Descartes' gesamter Naturphilosophie bildete. Im Sinne von Abschn. 2.3 sehe ich Descartes als mathematischen Visionär, als einen Mann, der in der Lage war, Mathematik auf völlig neue Weise zu betreiben. Ich bin überzeugt, dass die Vision der *Universalität* die treibende Kraft hinter Descartes' wissenschaftlichem Streben war. Er verstand Universalität als eine Aufgabe, die er zunächst in der Algebra entdeckte und dann in seiner Arbeit schrittweise erweiterte.

Es gibt verschiedene Deutungen dessen, was *mathesis universalis* gewesen sein könnte. Einige Interpreten behaupten, *mathesis universalis* sei eine universelle Entdeckungsmethode; andere verstehen sie als deckungsgleich mit der Algebra als grundlegender Disziplin der Mathematik[2]; wieder andere identifizieren sie

[1] Auch wenn ich zugebe, dass wir in den *Regulae* das einzige Beispiel für Descartes' Verwendung dieses Begriffs haben.

[2] Dies war beispielsweise die Ansicht von Chikara Sasaki, der schreibt: „Für Descartes scheint *mathesis universalis* eine Art Algebra bedeutet zu haben" (Sasaki 2003, S. 7).

L. Kvasz, *Descartes über Mathematik, Methode und Bewegung*,
https://doi.org/10.1007/978-3-032-04684-0_3

mit der mathematischen Durchdringung der materiellen Realität. Jede dieser drei Deutungen ist für sich genommen zulässig. In Descartes' Werk finden sich Spuren aller drei. Dennoch sind es einschränkende Deutungen, da jede nur einen Aspekt von Descartes' mathematischem Schaffen erfasst und andere ausblendet. Zudem sind es verzerrende Deutungen, da sie weder die Einheit dieser drei Aspekte von Descartes' mathematischer Arbeit noch das Verhältnis zwischen *mathesis universalis* und seiner Methode verständlich machen. Die Methode, wie Descartes sie in den *Regulae* darstellte, war eher geometrisch als algebraisch, ihr Ziel war Gewissheit und nicht Entdeckung, und sie unterschied nicht zwischen materieller und immaterieller Realität. In diesem frühen Werk scheint Descartes vielmehr zu versuchen, algebraische Verfahren geometrisch zu begründen.

3.1 *Mathesis Universalis* als universelle Mathematik

Murray Miles' Artikel, *Descartes' Method* (Miles 2008), enthält eine wichtige Einsicht zum Verständnis der *mathesis universalis.* Er listet alle Disziplinen auf, die Descartes in Regel 4 ausdrücklich als zur Mathematik gehörig erwähnt. Neben den Disziplinen der reinen Mathematik wie Arithmetik, Geometrie und Algebra umfasst die Liste auch Astronomie, Musik, Optik und Mechanik. Descartes fragt, was diese Disziplinen gemeinsam haben, sodass sie der Mathematik zugeordnet werden können, und behauptet, es seien *Ordnung* und *Maß.*

Miles bietet eine interessante Interpretation des letzteren Begriffs. Um zu erklären, was Descartes unter Maß versteht, verweist er auf Thomas von Aquin, dem zufolge „ein Maß *(mensura)* im eigentlichen Sinne dasjenige ist, wodurch die Quantität einer Sache *(quantitas rei)* erkannt wird. Im Bereich der Quantität ist es das Minimum dieser Gattung – nämlich die Einheit –, die das Maß liefert. Der Begriff ‚Maß' *(mensura)* wurde jedoch auf alle Gattungen übertragen *(transumptum),* sodass dasjenige, was in jeder Gattung das Erste, Einfachste und Vollkommenste ist, als Maß für alles andere in dieser Gattung gilt" (Miles 2008, S. 161 und 162). Um den ersten der beiden Begriffe Descartes', den Begriff der Ordnung, zu verstehen, sollte man vielleicht auf eine Passage in Aristoteles' *Kategorien* zurückgreifen, die lautet: „Von der Zeit wäre es besser zu sagen, dass die Teile eine relative Ordnung haben, da ein Teil dem anderen vorausgeht. Ebenso verhält es sich mit der Zahl, denn Zahlen sind im Zählen nacheinander, wie eins vor zwei, zwei vor drei. So kann man auch von der Zahl sagen, dass die Teile eine relative Ordnung haben, aber sicherlich keine Position" (Aristoteles, Kategorien VI, 5a27–33). Wenn diese beiden Vorschläge zutreffen, wollte Descartes schlicht alle möglichen Formen diskreter und kontinuierlicher Größen erfassen.

Miles stellt die Disziplinen der *mathesis universalis* der *mathesis vulgaris* gegenüber.[3] Die *mathesis vulgaris* umfasst Arithmetik und Geometrie (Miles 2008, S. 157). Das Wort vulgaris bedeutet nicht ‚vulgär' im abwertenden Sinne, sondern etwa ‚allgemein', ‚geläufig', ‚allgemein anerkannt'. Wenn wir die genaue Bedeutung des Gegensatzes zwischen *mathesis vulgaris* und *mathesis universalis* verstehen wollen, müssen wir herausfinden, was Arithmetik und Geometrie gemeinsam haben und sie von Algebra, Musik und Optik unterscheidet. Um dieses Problem zu lösen, können wir auf Freges Aufsatz *Funktion und Begriff* (Frege 1891) zurückgreifen.[4] Frege charakterisierte die Arithmetik als Zählen mit *konstanten Symbolen* (1, 2, 3, ...), während er die Algebra durch ihren Gebrauch von Buchstaben (x, y, ...) zur *Ausdrucksform der Allgemeinheit* kennzeichnete.[5] In ähnlicher Weise kann die synthetische Geometrie als eine geometrische Disziplin charakterisiert werden, die *konstante Formen* (Kreise und Geraden) verwendet, um zusammengesetzte Figuren zu konstruieren.

Obwohl die Algebra die erste mathematische Disziplin war, die die Allgemeinheit explizit machen konnte, ist sie keineswegs die einzige Disziplin, die von Allgemeinheit Gebrauch macht. Die von Descartes begründete analytische Geometrie kann als Disziplin charakterisiert werden, die die Allgemeinheit in das Studium der Kurven einführte, ebenso wie Differential- und Integralrechnung (im Sinne Freges) als Disziplinen gelten können, die die Allgemeinheit in das Studium funktionaler Zusammenhänge einführten.[6] Wenn wir also mit Freges Augen auf den

---

[3] Das Verhältnis zwischen *mathesis vulgaris* und *mathesis universalis* ist nicht so zu verstehen, dass es eine allgemeine, neutrale Mathematik gab, die sich später in diese beiden Bereiche aufspaltete. Vielmehr entwickelte sich neben der klassischen Mathematik der Antike und des Mittelalters die symbolische Algebra als neue Disziplin. In der frühen Neuzeit erkannte Descartes die Neuartigkeit dieser Disziplin, vor allem ihre Universalität, und sah, dass er die gesamte Mathematik nach dem Vorbild der Algebra zu einer *mathesis universalis* umgestalten konnte. Rückblickend erscheint aus der Sicht der neuen *mathesis universalis* die gesamte antike Mathematik als *mathesis vulgaris*.

[4] Es mag anachronistisch erscheinen, Frege zur Interpretation von Descartes heranzuziehen. Doch im Sinne von Abschn. 2.3 oben war Frege (zusammen mit Euklid, Newton, Cantor und Turing) ein Mathematiker vom gleichen Schlag wie Descartes, der die Mathematik mit derselben visionären Radikalität betrachtete.

[5] Das bedeutet einerseits, dass Symbole wie x oder b (in der Algebra) für jede beliebige Zahl stehen können, im Gegensatz zu Symbolen wie 5 oder 17, die immer für dieselbe Zahl stehen; andererseits können x und b für beliebige Größen stehen, etwa die Länge eines beliebigen Streckenabschnitts (in der analytischen Geometrie), ein beliebiges Zeitintervall (in der Astronomie), einen beliebigen Reflexionswinkel (in der Optik) oder eine beliebige Geschwindigkeit (in der Mechanik). Daher gehören diese Disziplinen zur *mathesis universalis*, verstanden als die Disziplin, die in der Lage ist, Allgemeinheit auszudrücken.

[6] In *Funktion und Begriff* interpretierte Frege die Geschichte der Mathematik als einen Prozess der allmählichen Steigerung der Allgemeinheit. Dabei zeigte er, dass die Mathematik eine höhere Allgemeinheit erreichte, indem sie Darstellungsmittel schuf, die es ermöglichten, allgemeinere Sätze zu beweisen und allgemeinere Objekte zu konstruieren. Das heißt, es gibt nicht nur eine Art von Allgemeinheit in der Mathematik, sondern mehrere. Jedes neue Darstellungsmittel, wie die symbolische Algebra, Differential- und Integralrechnung oder der Prädikatenkalkül, eröffnet den Zugang zu einer neuen Art von Allgemeinheit, die die vorherigen als Spezialfälle einschließt (vgl. Kvasz 2008, S. 14–84).

Gegensatz zwischen *mathesis vulgaris* und *mathesis universalis* blicken, können wir *mathesis universalis* als Mathematik interpretieren, die – im Gegensatz zur Mathematik der Alten – Allgemeinheit in die verschiedenen Untersuchungsbereiche einführt. Somit ist die gesamte nachkartesische Mathematik in gewissem Sinne *mathesis universalis.* Neben der symbolischen Algebra und der analytischen Geometrie können auch Differential- und Integralrechnung, symbolische Logik und Mengenlehre als Fortführung von Descartes' Vision der *mathesis universalis* betrachtet werden.

Diese Interpretation ermöglicht es, zu verstehen, warum Disziplinen wie Astronomie, Musik, Optik und Mechanik zur Mathematik gezählt werden.[7] Ursprünglich zählten die Pythagoreer Astronomie und Musik zu den vier Disziplinen der Mathematik, weil diese Disziplinen Harmonie mittels Zahlen untersuchten, was den Kern der pythagoreischen Lehre bildete. Später wurde unter dem Einfluss der platonischen Mathematikauffassung der Status von Astronomie und Musik problematisiert, da sie Phänomene mit Bewegung beschreiben. In der aristotelischen Auffassung galten Astronomie und Musik zusammen mit Optik und Mechanik als Beispiele für gemischte mathematische Disziplinen. Aus der Sicht von Descartes waren die gemischten mathematischen Disziplinen der Alten ebenfalls problematisch, da sie Anwendungen der *mathesis vulgaris* (d. h. von *konstanten* Symbolen und Formen) zur Beschreibung veränderlicher Phänomene darstellten. Fragt man jedoch, was es ermöglicht, mit *mathesis vulgaris* optische, akustische, astronomische oder mechanische Phänomene zu beschreiben, so erkennt man, dass es die Existenz von *allgemeinen Relationen* von Ordnung und Maß ist, denen diese Phänomene unterliegen. *Mathesis vulgaris* kann solche Relationen in ihrer Allgemeinheit weder ausdrücken noch erklären. Erst die *mathesis universalis* macht dies möglich. So erhalten wir eine erste Vorstellung von der *mathesis universalis* – der allgemeinen Mathematik, die in der Lage ist, allgemeine Relationen von Ordnung und Maß auszudrücken.

[7] „Ich begann meine Untersuchung mit der Frage, was man eigentlich allgemein unter dem Begriff Mathematik versteht und warum es so ist, dass neben Arithmetik und Geometrie auch Wissenschaften wie Astronomie, Musik, Optik, Mechanik und andere als Zweige der Mathematik bezeichnet werden. … Als ich die Sache näher betrachtete, erkannte ich, dass sich die Mathematik ausschließlich mit Fragen der Ordnung und des Maßes befasst und dass es gleichgültig ist, ob das Maß Zahlen, Figuren, Sterne, Töne oder irgendwelche anderen Gegenstände betrifft. Das ließ mich erkennen, dass es eine allgemeine Wissenschaft geben muss, die alle Fragen über Ordnung und Maß unabhängig vom Gegenstand erklärt, und dass diese Wissenschaft *mathesis universalis* genannt werden sollte" (Descartes 1701, S. 19; AT10, S. 377 und 378).

3.2 *Mathesis Universalis* als symbolische oder epistemische Geometrie

Im vorherigen Abschnitt habe ich die *mathesis universalis* einfach als eine Mathematik charakterisiert, die in der Lage ist, Allgemeinheit auszudrücken. Der Schwerpunkt lag somit auf dem Wort *universalis,* während das Mathematikverständnis, das hinter Descartes' *mathesis* steht, unklar blieb. Das Problem der mathematischen Komponente der *mathesis universalis* wird deutlich, wenn wir erkennen, dass sich die *mathesis universalis* nicht in das Rahmenwerk von Euklids *Elemente* einfügen lässt. Die *mathesis universalis* umfasst die Algebra, die sich mit höheren Potenzen der Unbekannten befasst, wie etwa x^4 oder x^6 oder in kossistischer Notation *ce.ce* oder *ce.cu*, also *censo de censo* oder *censo de cubo.* Solche Größen lassen sich nicht in ein Mathematikverständnis integrieren, das von den Postulaten ausgeht, die die Konstruktion bestimmter (d. h. *vulgarer*) Objekte – Geraden und Kreise – legitimieren. Die Entdeckung der *mathesis universalis* (im Sinne einer universellen Mathematik) stellte Descartes somit vor das Problem, auf welchen Grundlagen diese neue universelle Mathematik errichtet werden könnte. Die Postulate, auf denen die vulgäre Mathematik seit Euklid aufgebaut war, eigneten sich hierfür nicht. Postulate garantieren die Existenz bestimmter geometrischer Objekte, und daher kann auf ihnen nichts Universelles begründet werden. Wenn wir dies erkennen, sehen wir, dass Descartes' Betonung der erkenntnistheoretischen Fundamente des Wissens keine exzentrische Vorliebe eines metaphysischen Geistes war, sondern eine natürliche Reaktion auf die Situation, in die die Entdeckung der *mathesis universalis* seine Mathematik geführt hatte.[8]

Descartes' Entscheidung, die *mathesis universalis* auf geometrische Intuition – auf klare und deutliche Wahrnehmungen – zu gründen, kann als Versuch verstanden werden, zur Quelle zurückzukehren, aus der die Geometrie seit der Antike ihre Gewissheit schöpfte. Schon damals hatte Proklos die Forderung formuliert, dass die Postulate, auf denen die mathematische Gewissheit ruht, *evident* sein müssen. Seine Hauptkritik am fünften Postulat Euklids war, dass es nicht

[8] Die drei Antworten auf die spezielle τι εστι-Frage stellen nicht notwendigerweise Positionen dar, die Descartes zu einem bestimmten Zeitpunkt vertreten hätte, und sie sind auch nicht in chronologischer Reihenfolge angeordnet. Vielmehr handelt es sich um Versuche, die Motive oder Visionen, die seine Forschung antrieben, zu artikulieren und voneinander abzugrenzen. Diese Motive oder Visionen sind von den offensichtlichsten und explizitesten zu den verborgeneren und impliziteren geordnet. Die drei Antworten repräsentieren drei systematische Möglichkeiten, wie die Frage verstanden werden kann, und stellen somit Interpretationsmöglichkeiten dar, wie man den verschiedenen Aspekten von Descartes' Werk Bedeutung verleihen kann. Was historisch tatsächlich geschah, war eine Mischung aus den drei (und vielleicht noch weiteren) Möglichkeiten, wobei der Schwerpunkt von einer zur anderen wechselte. Mein Ziel ist es nicht, eine Genealogie von Descartes' Ansichten zu *mathesis,* Methode und Physik zu rekonstruieren, sondern einige mögliche Weisen darzustellen, wie seine Ansichten verstanden werden könnten. Zumindest was seine Physik betrifft, muss meines Erachtens der Interpretationsraum noch erweitert werden, um überhaupt beginnen zu können, zu verstehen, was Descartes tat.

evident sei. Als Descartes erkannte, dass das Rahmenwerk von Euklids *Elemente* als Fundament der *mathesis universalis* unzureichend war, wandte er sich der ursprünglichen Quelle der Gewissheit zu, der Geometrie, genauer gesagt der geometrischen Intuition. Er präzisierte die klassische Forderung, dass die Grundprinzipien der Geometrie *evident* sein müssen, indem er sie in zwei Komponenten unterteilte: *Klarheit* und *Deutlichkeit.*[9]

Wie aber kann man die Regeln der *mathesis universalis* auf geometrische Intuition gründen? Hier schlug Descartes eine Idee vor, die später ungeahnte Möglichkeiten für die Entwicklung der gesamten Mathematik eröffnete – die Idee, die (algebraischen) Operationen der *mathesis universalis* in die Sprache der Geometrie zu übersetzen. Für Addition und Subtraktion ist dies leicht möglich, doch mit der Multiplikation überschreitet die Algebra die Grenzen der geometrischen Intuition. In der Algebra verwendet man nicht nur die erste Potenz einer Größe (die in der Geometrie der Länge entspricht), die zweite Potenz (die der Fläche entspricht) und die dritte Potenz (die dem Volumen entspricht), sondern durch fortgesetzte Multiplikation können auch die vierte, fünfte oder sechste Potenz gebildet werden, für die es in der Geometrie keine anschauliche geometrische Interpretation gab.

In den *Regulae* fand Descartes für dieses Problem eine Lösung durch einen genialen Kunstgriff. Er stellte das Produkt zweier Größen, etwa a und b, wie Euklid durch ein Rechteck mit den Seiten a und b dar. Im Fall von drei Größen a, b und c bildete er zunächst eine *Strecke* der Länge a mal b und multiplizierte diese Strecke $a.b$ mit c, indem er ein Rechteck konstruierte, dessen Seiten die Längen $a.b$ und c hatten. Auf diese Weise kann man weiter vorgehen und das Produkt von vier Strecken a, b, c und d als ein Rechteck darstellen, dessen eine Seite die Länge $a.b.c$ und die andere Seite einfach d hat. So leitete Descartes in Regel 18 eine Entwicklung ein, die einige Jahre später zu seiner analytischen Geometrie führte. Im Rahmen der *Regulae* konnte jedoch bereits jeder *algebraische Ausdruck* in die Sprache der *ebenen Geometrie* übersetzt und damit der geometrischen Intuition – der klaren und deutlichen Wahrnehmung – zugänglich gemacht werden. Dadurch wurde es möglich, die Gewissheit der algebraischen Operationen, also der Operationen der *mathesis universalis,* auf die Gewissheit der geometrischen Intuition zu gründen.[10] Diese Verbindung von Algebra und Geometrie ermöglicht es, die *mathesis universalis* auf das feste Fundament der *Geometrie* zu stellen. Indem Descartes also eine Erkenntnistheorie entwickelte, die auf klarer und deutlicher Wahrnehmung basiert, und später eine Methode formulierte, die es ermöglicht, wahres und sicheres Wissen zu erlangen, hat er seine *mathesis universalis* nicht aufgegeben, sondern vielmehr (versucht), sie auf solide geometrische Grundlagen zu stellen.

---

[9] Ausführlichere Informationen zum Verhältnis zwischen Descartes und Proklos finden sich in (Rabouin 2018, S. 4756–4761).

[10] Genauer gesagt, auf die Gewissheit einer instrumentell fundierten geometrischen Intuition. Seit Euklid beruhen die Schritte einer geometrischen Konstruktion auf Postulaten, die die Konstruktionsakte mittels Lineal und Zirkel legitimieren (siehe dazu Kvasz 2019).

Es ist jedoch wichtig zu betonen, dass die Figuren der ebenen Geometrie hier nicht als zu untersuchende Objekte erscheinen (wie sie die *mathesis vulgaris* behandelt), sondern als *Zeichen* einer geometrischen Sprache, mit deren Hilfe wir algebraische Formeln darstellen, transformieren und beweisen. Daher schlage ich vor, diese Geometrie, die grundlegenden Zwecken dient, als *symbolische Geometrie* zu bezeichnen. Der Gebrauch geometrischer Figuren als *Zeichen* ermöglicht es, die Grundlagen für die *mathesis universalis* zu legen. In diesem grundlegenden Kontext entstand die Idee, Algebra und Geometrie auf neue Weise miteinander zu verbinden. Allerdings nutzte Descartes diese Verbindung zunächst in entgegengesetzter Richtung zu der, die er später in der *La Géométrie* einschlug. Dort übersetzte er die Aussagen der Geometrie in die Sprache der Algebra, sodass geometrische Probleme mit den Methoden der symbolischen Algebra gelöst werden konnten. Im Gegensatz dazu übersetzte er in den *Regulae* algebraische Formeln in die Sprache der ebenen Geometrie, sodass algebraische Formeln und Operationen mit ihnen auf geometrische Intuition – auf klare und deutliche Wahrnehmungen – gegründet werden konnten. Zudem war im Rahmen der *Regulae* die Verbindung zwischen Algebra und Geometrie unsystematisch: Der Trick der Dimensionsreduktion begann beim Produkt von drei Größen und reduzierte es auf ein Rechteck. In *La Géométrie* hingegen reduzierte Descartes auch das Produkt von zwei Größen, sodass alle Terme eines Polynoms durch Strecken dargestellt wurden.

Das Problem der Fundamente der *mathesis universalis* führte Descartes somit zur Schaffung der *symbolischen Geometrie,* aus der sich später die analytische Geometrie entwickelte.[11] Neben Algebra, Astronomie, Musik, Optik und Mechanik trat eine neue Disziplin zur *mathesis universalis* hinzu – die universelle Geometrie. Doch Descartes' Überlegungen zu den Grundlagen der Mathematik endeten nicht dort. Wenn mathematisches Wissen auf geometrischer Intuition gegründet werden kann, warum sollte dann nicht alles Wissen auf diese Weise fundiert werden können? Zumindest beim auf visueller Wahrnehmung basierenden

[11] Die *symbolische Geometrie*, deren erste Schritte in den *Regulae* entwickelt wurden, ist meines Erachtens ein weiteres Beispiel für Descartes' Fähigkeit, Mathematik auf völlig neue Weise zu betreiben. Dass etwa zur gleichen Zeit Stevin die unendlichen Dezimalentwicklungen einführte, die zur Schaffung des Begriffs der reellen Zahlen führten und später als Grundlage für Arithmetik und Algebra dienten, zeigt nur, dass Descartes' geometrischer Ansatz der Versuch war, ein *wirkliches, bestehendes und drängendes Problem* zu lösen. Dass sein geometrischer Ansatz für die Fundamente durch den arithmetischen ersetzt wurde, bedeutet nicht, dass seine Idee einer symbolischen Geometrie falsch oder undurchführbar wäre. Es ist einfach ein weiteres Beispiel für eine aufgegebene Mathematik, wie etwa Bolzanos Mengenlehre oder Eulers auf Infinitesimalen basierende Analysis. Für Eulers Analysis hat Abraham Robinson eine neue Formulierung in der *Nichtstandard-Analysis* angeboten (siehe Robinson 1965), und für Bolzanos Mengenlehre hat Petr Vopěnka einen Versuch ihrer Wiederbelebung in Form der *alternativen Mengenlehre* unternommen (siehe Vopěnka 1979). Wer weiß, vielleicht wird sich eines Tages ein Mathematiker dafür interessieren, Descartes' symbolische Geometrie in neuer Form wiederzubeleben? Es ist möglich, dass wir in Hartry Fields Projekt einer Wissenschaft ohne Zahlen ein Beispiel für einen solchen Versuch haben (siehe Field 1980).

Wissen geschieht in der Einbildungskraft etwas sehr Ähnliches wie bei der *mathesis universalis* in der symbolischen Geometrie. Der empirische Gehalt des visuellen Wissens wird durch geometrische Figuren repräsentiert. Daher sollte es, wie die symbolische Geometrie es ermöglicht, feste Grundlagen für die Algebra (und die *mathesis universalis* im Allgemeinen) zu schaffen, auch möglich sein, ähnliche Grundlagen für alles (visuell basierte) empirische Wissen zu etablieren. Wir müssen nur die Regeln finden, nach denen die empirischen Qualitäten der Körper (wie Farbe, Größe und Form) in der Einbildungskraft repräsentiert werden. Und was ist Denken überhaupt? Es besteht darin, Ideen zusammenzusetzen und mit ihnen zu operieren. Wenn wir also die symbolische Geometrie als universelle Sprache zur Darstellung von Ideen verwenden, sollte es möglich werden, jede Sinneswahrnehmung, ebenso wie jeden Gedankeninhalt, geometrisch durch eine bestimmte der inneren Anschauung präsentierte geometrische Figur darzustellen.

Auf diese Weise eröffnet sich die Möglichkeit, unter die symbolische Geometrie, die ein Zweig der *mathesis universalis* ist, neben Astronomie, Optik, Musik, Mechanik und (analytischer) Geometrie auch die Sinneswahrnehmung zu subsumieren und so eine völlig neue Art von Erkenntnistheorie zu entwickeln.[12] Hier umfasst *mathesis universalis* alles, was durch das Manipulieren geometrischer Figuren, verstanden als Zeichen, dargestellt werden kann. Sie ist nicht nur durch ihr *logisches Attribut* der Universalität gekennzeichnet, wie *mathesis universalis* in Abschn. 3.1 charakterisiert wurde, sondern auch durch das *epistemologische Attribut* der Klarheit und Deutlichkeit der Wahrnehmung. Diese erkenntnistheoretische Erweiterung der *mathesis universalis*[13] erwies sich als bedeutsam, als Descartes 1633 den Plan aufgab, das Manuskript von *Le Monde* zu veröffentlichen, und (zumindest teilweise) zu dem Projekt der *Regulae* zurückkehrte, das er fünf Jahre zuvor zugunsten der Abfassung von *Le*

[12] Heute, unter dem Einfluss von Turing und von Neumann, verstehen wir „Denken“ als symbolische Manipulation. Mit gleicher Berechtigung können wir jedoch das Denken als Manipulation von Vorstellungen in der Einbildungskraft interpretieren, das heißt als Manipulation der Figuren der symbolischen Geometrie. Das Projekt der symbolischen Geometrie in den *Regulae* kann somit als einer der ersten Versuche angesehen werden, die Erkenntnistheorie zu naturalisieren, sie also in eine wissenschaftliche Disziplin zu transformieren.

[13] Um diese beiden Rollen zu unterscheiden – die Entwicklung der Grundlagen der *mathesis universalis* einerseits und das Angebot eines Fundaments für alles Wissen andererseits – oder zumindest auf ihren Unterschied hinzuweisen, habe ich im Titel dieses Abschnitts zwei Adjektive verwendet. Mit *symbolischer Geometrie* meine ich in erster Linie den Versuch, die Algebra auf Regeln zur Manipulation ebener geometrischer Figuren zu gründen, während ich mit *epistemischer Geometrie* eine weitergehende Ausdehnung dieses Ansatzes auf alles (visuelle) Wissen meine; natürlich ist die symbolische Geometrie insofern epistemisch, als sie die Grundlagen für algebraisches *Wissen* entwickelt, und die epistemische Geometrie ist symbolisch, insofern als die Transformationsregeln der geometrischen Figuren in der Einbildungskraft nicht zur einfachen ebenen Geometrie gehören, sondern die Regeln der Erkenntnistheorie in geometrischer Sprache ausdrücken, die somit symbolisch verwendet wird. Der Unterschied ist also eher ein Unterschied der Akzentsetzung.

Monde aufgegeben hatte. Er begann mit der Arbeit an einer Abhandlung, aus der *La Géométrie* wurde. Descartes entwickelte seinen Kunstgriff aus Regel 18, die Dimension des Produkts von drei Größen zu reduzieren, weiter und machte ihn zum Grundstein einer neuen Beziehung zwischen algebraischen Operationen und geometrischen Darstellungen. Es kann daher argumentiert werden, dass die analytische Geometrie die Frucht dieser zweiten Phase der Entwicklung der *mathesis universalis* ist, deren Kern eine neue geometrische Interpretation algebraischer Operationen bildete. Obwohl sie ursprünglich von Descartes erfunden wurde, um algebraische Operationen auf das Manipulieren ebener geometrischer Figuren zurückzuführen, wurden die Prinzipien der *symbolischen Geometrie* nun transformiert und erweitert, um die Grundlage der *analytischen Geometrie* zu bilden.

Nach Schuster war es „Jacob Klein, der in seiner brillanten Studie (Klein 1968) erstmals die grundlegende Einsicht gewann, dass Descartes eine Mathematik anbot, die in und durch Linienlängen ausgedrückt und manipuliert wird, die als operative Symbole fungieren (S. 198, 202, 208). Klein erkannte, dass Descartes in Regel 14 versuchte, seine universelle Mathematik, eine allgemeine Proportionenlehre, in einer Symbolik zu begründen, die aus realen, konkreten Linienlängen besteht, die in der körperlichen Einbildungskraft dargestellt werden (197–8). Descartes wollte die abstrakte Algebra in konkrete, anschaulich klare Objekte und Operationen umsetzen, ja materialisieren, und er wollte zeigen, wie eine mathematische Physik unter die analytischen Verfahren fällt, die die Algebra bereitstellt" (Schuster 2013a, S. 325, Fußnote 66). Schuster zitiert die Passage von Klein, sieht jedoch die darin beschriebenen Ideen von Descartes, insbesondere die zur mathematischen Physik, als eine Illusion, die bald scheitern werde. Kleins grundlegende Einsicht blieb somit ungenutzt.

3.3 *Mathesis Universalis* als ontologische Geometrie

Die beiden vorherigen Antworten auf die Frage *Was ist mathesis universalis?* erschöpfen die Bedeutungen dieses Begriffs nicht. Nach der ersten Antwort ist *mathesis universalis* die universelle Mathematik, also eine Mathematik, die – im Gegensatz zur partikularen Mathematik der Antike – Mittel zur Darstellung von Allgemeinheit enthält. Neben der Algebra, die das erste Beispiel einer solchen Mathematik war, umfasst sie auch die analytische Geometrie, die Allgemeinheit in das Studium der Kurven einführte, während sich die antike Geometrie nur mit besonderen Kurven wie den Konchoiden, Zissoiden und Spiralen befasste. Sie schließt jedoch auch die Differential- und Integralrechnung ein, im Grunde die gesamte Mathematik ab dem siebzehnten Jahrhundert. Nach Frege ist die Geschichte der Mathematik eine Geschichte des Wachstums der Allgemeinheit, also der *mathesis universalis.*

Nach der zweiten Antwort ist *mathesis universalis* die symbolische Geometrie. Dies bezeichnet ein erkenntnistheoretisches Projekt, das aus der Notwendigkeit entstand, eine Grundlage für die universelle Mathematik zu schaffen, also für die *mathesis universalis* im ersten Sinne. Neben der Mathematik umfasst dieser zweite Begriff auch empirisches Wissen und tendiert dazu, auch das Denken als solches einzuschließen. Aus dieser Perspektive umfasst *mathesis universalis* jegliches Wissen, das durch die Figuren der ebenen Geometrie, verwendet als Zeichen, dargestellt werden kann. Auch wenn *mathesis universalis* in diesem zweiten Sinne viel weiter gefasst ist als im ersten, bleibt sie dennoch eine *mathesis,* da geometrische Figuren und die Regeln zu ihrer Manipulation mathematischer Natur sind. Die epistemische Konzeption der *mathesis universalis* umfasst die Mathematik zusammen mit Sinneswahrnehmung und Denken, aber auch das Studium der Prozesse in der Natur. Nach Descartes lässt sich alles Wissen auf geometrische Figuren und deren Transformationen zurückführen.

Um 1628 spaltete sich dieses Projekt der *epistemischen Mathematik.*[14] Descartes erkannte, dass das Denken nicht denselben Regeln wie die Naturprozesse unterworfen sein kann. Es ist er selbst, Descartes, der denkt, das heißt, der über die Richtigkeit eines Arguments entscheidet, und nicht die anonymen Prozesse der ausgedehnten Substanz. Somit ist er der Urheber der Kette, die die Schritte des Denkens bildet, und als kausaler Akteur muss er eine Substanz, ein Seiendes, sein. Die Denkprozesse werden nicht durch die Bewegungsgesetze der ausgedehnten Körper bestimmt, deren Veränderungen unabhängig von ihm sind. Aus dem *ego cogito* folgt das *ego sum.* Diese Entdeckung erforderte die Aufteilung der epistemischen *mathesis* in zwei Komponenten.

Der erste Teil der epistemischen Geometrie umfasste alles, was eine aktive Betätigung des Ich ist, also unter anderem die Beschreibung des Denkens und des Wissens. Das Projekt, das die Sprache der symbolischen Geometrie zur Begründung der universellen Mathematik heranziehen wollte, wurde dem Bereich des cogito zugeordnet, da korrekte mathematische Argumente sich durch ihren kognitiven Gehalt auszeichnen, dessen Zeuge das cartesianische Ich ist. Die Richtigkeit eines Arguments kann nicht auf den geometrischen Eigenschaften der Figuren der epistemischen Geometrie beruhen (sonst wäre das Denken ein mechanischer Prozess ohne den normativen Aspekt der Richtigkeit). Die Figuren kodieren das Argument, können es aber nicht rechtfertigen. Es scheint, dass Descartes diesen Teil des Projekts der erkenntnistheoretischen Fundierung der universellen Mathematik aufschob. Es ist nicht ausgeschlossen, dass er später darauf zurückgekommen wäre, so wie er nach 1633 zum Projekt der *mathesis universalis* zurückkehrte (dessen Frucht die Veröffentlichung von *La Géométrie* im Jahr 1637 war), und wie er nach dem Erfolg des *Discours de la Methode* und der *Meditationen* zu seinem naturphilosophischen Projekt zurückkehrte, das er nach der

[14] Ich schlage daher vor, dass das Projekt der *mathesis universalis* nicht in einem Scheitern endete, sondern sich in zwei unterschiedliche Projekte aufspaltete. Das erste konzentrierte sich auf das *cogito* und kulminierte in den *Meditationen über die Erste Philosophie* (Descartes 1641). Das zweite, der Natur zugewandt, zielte auf ein mathematisches Wissen über die ausgedehnte Substanz ab, dessen Ergebnis *Le Monde* (Descartes 1664) war.

Verurteilung Galileis 1633 aufgegeben hatte. Die Frucht dieser zweiten Rückkehr sind die Teile der *Principia Philosophiae,* die 1644 veröffentlicht wurden und sich mit der Naturphilosophie befassen. Das *Aufgeben* des Projekts der epistemischen Mathematik bedeutete also nicht zwangsläufig dessen Scheitern, wie Schuster die Unterbrechung der Arbeit an den *Regulae* interpretiert. Ebenso gut könnte man das Aufgeben als Folge der Aufspaltung in zwei Teile sehen, wobei dem zweiten Teil, der zu jener Zeit attraktiver erschien, der Vorzug gegeben wurde.

Der zweite Teil der epistemischen Geometrie richtete sich auf die ausgedehnte Substanz und umfasste das Wissen über physikalische Prozesse – von der mechanischen Bewegung der Körper über die Gesetze der Ausbreitung des Lichts bis hin zu den körperlichen Vorgängen, die mit Wahrnehmung und Erkenntnis verbunden sind. All dies wurde zum Gegenstand der kartesischen Naturphilosophie. Ihr Inhalt besteht somit aus dem Teil der *epistemischen Geometrie*, der in die *kartesische Naturwissenschaft* überführt wurde. Ihre Ausarbeitung erforderte es, die geometrischen Objekte von ihrer epistemischen Rolle als Grundlage der universellen Mathematik zu trennen, d. h. ihre Bedeutung als Zeichen, die algebraische Größen repräsentieren, aufzugeben und nur ihre Eigenschaft der Ausgedehntheit beizubehalten. Die symbolische Geometrie wurde so in eine *ontologische Geometrie* verwandelt – die Theorie der ausgedehnten Körper in Bewegung.

Diese ontologische Konzeption der *mathesis* ist für die entstehende mathematische Physik von entscheidender Bedeutung. Sie gewährleistet, dass alle physikalischen Phänomene ebenso klar und eindeutig sind wie die idealen Objekte der Geometrie. Wie bei der erkenntnistheoretischen Konzeption der *mathesis* bleiben uns auch bei ihrer ontologischen Konzeption nur die Objekte der *vulgären* (d. h. euklidischen) Geometrie. Während jedoch in der erkenntnistheoretischen Konzeption alle Phänomene auf ein- und zweidimensionale geometrische Figuren reduziert wurden, die den Regeln der symbolischen Geometrie unterliegen, werden in der ontologischen Konzeption der *mathesis* die geometrischen Körper um die *Trägheitsbewegung* bereichert (euklidische Körper bewegen sich nicht von selbst – ein Dreieck kann gedreht oder verschoben werden, aber dies sind gesteuerte und keine Trägheitsbewegungen) und um die *Fähigkeit zur Wechselwirkung* (euklidische Kreise können nicht elastisch voneinander abprallen). Die geometrische Ontologie besteht also aus Körpern der vulgären Geometrie, die mit *Trägheitsbewegung* und der *Fähigkeit zur Wechselwirkung* ausgestattet sind, d. h. sich gegenseitig eine bestimmte Bewegungsmenge übertragen können.

Die Theorie dieser geometrischen Körper, die mit Trägheitsbewegung ausgestattet sind, ist eine *mathematische Theorie,* weil alle ihre Objekte klaren und deutlichen Anschauungen zugänglich sind. Zudem sind die Gesetze, die die Bewegung dieser ausgedehnten Körper bestimmen, wie das Trägheitsgesetz oder das Gesetz der Erhaltung der Bewegungsquantität, *universelle Gesetze,* also Gesetze, die mit Hilfe der universellen Mathematik ausgedrückt werden. Daher konzentriert sich diese Theorie, obwohl sie Körper der vulgären Geometrie untersucht, nicht auf die besonderen Eigenschaften einzelner Körper wie die euklidische Geometrie, sondern auf die allgemeinen Gesetze, die ihre Bewegung bestimmen.

Deshalb behauptete Descartes, seine Physik sei Mathematik.[15] Ihre Ontologie und ihre Gesetze gehören zur *mathesis universalis,* verstanden in diesem dritten, ontologischen Sinn als Wissenschaft von den ausgedehnten Körpern (also *mathematischen* Objekten), die *mathematischen* Gesetzen unterliegen.

Die Unterscheidung von drei Schichten der *mathesis universalis* weckt das natürliche Bedürfnis, auch drei methodische Schichten als methodologische Ausdifferenzierung der jeweiligen Konzeptionen der *mathesis* zu unterscheiden.

[15] So schreibt Descartes etwa in seinem Brief an Mersenne vom 27. Juli 1638: „Wenn er bitte das bedenkt, was ich über das Salz, den Schnee, den Regenbogen usw. geschrieben habe, wird er verstehen, dass meine gesamte Physik nichts anderes als Mathematik ist" (AT 2, S. 268).

Kapitel 4
Was ist Methode?

Wie Timothy Reiss in *Neo-Aristotle and method. Between Zabarella and Descartes* (Reiss 2000) feststellte, beschreibt Descartes im *Discours de la Méthode* zwei Methoden. Die erste wird im *zweiten Teil der Abhandlung* dargelegt und besteht aus vier Regeln: „[**I.**] Nichts als wahr anzunehmen, was ich nicht mit evidenter Gewissheit als wahr erkannt habe. … [**II.**] Jede der von mir untersuchten Schwierigkeiten in so viele Teile zu zerlegen, wie möglich und erforderlich ist, um sie besser zu lösen. … [**III.**] Meine Gedanken in geordneter Weise zu lenken, indem ich mit den einfachsten und am leichtesten erkennbaren Gegenständen beginne, um nach und nach, Schritt für Schritt, zur Erkenntnis der komplexesten zu gelangen, und dabei selbst unter Dingen, die keine natürliche Reihenfolge haben, eine Ordnung anzunehmen. … [**IV.**] Durchweg so vollständige Aufzählungen und so umfassende Überprüfungen vorzunehmen, dass ich sicher sein konnte, nichts auszulassen“ (Descartes 1637a, S. 120; AT 6, S. 18–19).[1]

Nach Reiss enthält der *Discours* jedoch auch eine zweite Methode, die Descartes im *sechsten Teil der Abhandlung* einführt, wo er über sein Manuskript *(Le Monde)* spricht und die Gründe angibt, weshalb er sich entschied, es nicht zu veröffentlichen. Descartes schreibt: „Die von mir in dieser Hinsicht gewählte Ordnung ist folgende. [**I.**] Zuerst versuchte ich, im Allgemeinen die Prinzipien oder ersten Ursachen von allem, was in der Welt existiert oder existieren kann, zu entdecken. Zu diesem Zweck betrachtete ich nichts als Gott allein, der die Welt erschaffen hat; und ich leitete diese Prinzipien nur aus bestimmten Keimen von Wahrheiten ab, die von Natur aus in unserer Seele liegen. [**II.**] Als Nächstes untersuchte ich die ersten und gewöhnlichsten Wirkungen, die sich aus diesen Ursachen ableiten lassen. Auf diese Weise, so scheint es mir, entdeckte ich den Himmel, die Sterne und die Erde; und auf der Erde Wasser, Luft, Feuer, Mineralien und andere derartige Dinge, die, da sie die allgemeinsten und einfachsten sind, folglich am leichtesten zu erkennen sind. [**III.**] Als ich dann versuchte, zu spezielleren Dingen vorzudringen, stieß ich auf eine solche Vielfalt, dass ich nicht glaubte,

[1] Ich bezeichne die Regeln der verschiedenen Beschreibungen der Methode mit fetten römischen Ziffern, um die Bezugnahme und den Vergleich zu erleichtern. Diese Zahlen sind selbstverständlich nicht im Originaltext von Descartes enthalten.

L. Kvasz, *Descartes über Mathematik, Methode und Bewegung*,
https://doi.org/10.1007/978-3-032-04684-0_4

der menschliche Geist könne die Formen oder Arten der Körper, die auf der Erde sind, von einer Unendlichkeit anderer unterscheiden, die dort sein könnten, wenn es Gottes Wille gewesen wäre, sie dort zu platzieren. [**IV.**] Folglich hielt ich es für den einzigen Weg, diese Körper für uns nutzbar zu machen, von der Wirkung auf die Ursache fortzuschreiten und viele spezielle Beobachtungen zu nutzen. Und nun, wenn ich in meinem Geist alle Gegenstände überblicke, die jemals meinen Sinnen gegenwärtig waren, wage ich zu sagen, dass ich nie etwas in ihnen bemerkt habe, das ich nicht ganz leicht durch die von mir entdeckten Prinzipien erklären konnte" (Descartes 1637a, S. 143–144; AT 6, S. 63–64).

Zu diesen beiden Darstellungen der Methode können wir eine dritte hinzufügen, die sich auf den ersten Seiten von *La Géométrie* findet: „Wenn wir also ein Problem lösen wollen, [**I.**] nehmen wir zunächst an, die Lösung sei bereits gefunden, und [**II.**] geben allen Linien, die für die Konstruktion erforderlich erscheinen – sowohl den unbekannten als auch den bekannten – Namen. [**III.**] Dann, ohne zwischen bekannten und unbekannten Linien zu unterscheiden, müssen wir die Schwierigkeit auf jede Weise entwirren, die am natürlichsten die Beziehungen zwischen diesen Linien zeigt, bis wir es möglich finden, eine einzige Größe auf zwei Arten auszudrücken. Dies ergibt eine Gleichung, da die Terme des einen dieser beiden Ausdrücke zusammen dem anderen gleich sind. Wir müssen so viele solche Gleichungen finden, wie es unbekannte Linien geben soll" (Descartes 1937b, S. 6; AT 6, S. 372). Da *La Géométrie* als Anhang zum *Discours* veröffentlicht wurde, kann man sagen, dass Descartes 1637 drei Varianten seiner Methode publizierte. Die erste Variante (aus dem zweiten Teil des *Discours*) werden wir ***die epistemische Methode*** nennen; die zweite Variante (aus dem sechsten Teil des *Discours*) nennen wir ***die Reduktionsmethode,*** und die dritte (aus *La Géométrie*) ***die analytische Methode.*** Reiss bringt die epistemische Methode und die Reduktionsmethode mit Zabarellas natürlicher und künstlicher Logik in Verbindung (Reiss 2000, S. 218). Unabhängig davon, ob man Reiss' Vorschlag annimmt oder nicht, hat er durch den Hinweis auf das Vorhandensein zweier unterschiedlicher Methoden im Text des *Discours* einen wichtigen Beitrag zum Verständnis von Descartes' Methode geleistet.

Die Auffassung von der Entwicklung der Wissenschaft als Anwendung einer Methode wird von zeitgenössischen Wissenschaftsphilosophen häufig in Frage gestellt. Schuster schreibt: „Bis vor relativ kurzer Zeit wurden die Interpretationen der Wissenschaftlichen Revolution weitgehend von heroischen Erzählungen über die Entdeckung, Perfektionierung und Anwendung der wissenschaftlichen Methode beherrscht. Descartes, Bacon, Galileo, Harvey, Huygens und Newton waren außerordentlich erfolgreich darin, die Nachwelt, einschließlich der Wissenschaftshistoriker, davon zu überzeugen, dass sie zur Erfindung einer einzigen, übertragbaren und wirksamen wissenschaftlichen Methode beigetragen haben. … Erstens wurde Descartes' Methode als frühes Stadium in der langen Reifung der wissenschaftlichen Methode betrachtet. … Zweitens wurden Descartes' bedeutende Leistungen in den Wissenschaften und in der Mathematik während einer entscheidenden Phase der Wissenschaftlichen Revolution des siebzehnten Jahrhunderts als abhängig von seiner Methode angesehen. … Auch wenn sich diese

Erkenntnis noch nicht sehr weit verbreitet hat, haben einige Historiker, Philosophen und Soziologen der Wissenschaft festgestellt, dass keine Methodendoktrin – weder die von Descartes noch die irgendeines anderen – jemals die tatsächliche wissenschaftliche Praxis – konzeptionell und materiell – in dem wörtlichen Sinne geleitet und konstituiert hat, wie solche Methoden es für sich beanspruchen" (Schuster 1993, S. 195 und 196).

In Abschn. 4.1 werde ich beschreiben, wie Methode von zeitgenössischen Mathematikern verstanden wird. Um zu Schusters Kritik Stellung zu nehmen, wenden wir uns jedoch zunächst der Anwendung der Methode in der Physik zu.[2] Wenn wir uns der Physik mit einem minimalen vorläufigen Verständnis vom Wesen der Methode nähern,[3] ist es nicht schwer, in der modernen Physik Beispiele für eine erfolgreiche, effiziente, übertragbare und universelle Methode zu finden. Das einzige Problem ist, dass ihr Urheber nicht Descartes, sondern Newton war. ***Newtons Methode*** besteht aus vier Schritten: **I.** Im zu untersuchenden Bereich Messinstrumente wie Chronometer, Barometer oder Thermometer schaffen, um möglichst viele Aspekte der untersuchten Phänomene zu quantifizieren. Für jedes Phänomen eine *Menge von Größen* zu finden, die messbar sind und die verschiedenen Aspekte des Phänomens charakterisieren. **II.** Aus den Größen, die die Phänomene in einem gegebenen Bereich charakterisieren, zusammengesetzte Größen konstruieren, die den *Zustand der untersuchten Systeme* repräsentieren. **III.** Bei der Beschreibung der Wechselwirkungen zwischen Systemen oder zwischen Elementen eines Systems *Kräfte* als Quantifizierung der Intensität der Wechselwirkung einführen. **IV.** Eine *Differentialgleichung* finden, die die Veränderung des Zustands des Systems als Folge der Wechselwirkungen mit anderen Systemen und der Wechselwirkung seiner Teile untereinander beschreibt.[4]

Dieses Schema folgt im Wesentlichen der analytischen Methode, wie wir sie aus *La Géométrie* kennen. Paolo Mancosu fasste sie in seinem Artikel *Descartes and Mathematics* in drei Punkten zusammen: „[**I.**] *Benennen.* Das Problem als bereits gelöst betrachten und allen Linien, die für die Lösung erforderlich erscheinen, Namen geben. [**II.**] *Gleichsetzen.* Den Unterschied zwischen bekannten und unbekannten Linien ignorieren und die Beziehungen, die zwischen den verschiedenen Linien bestehen, auf natürliche Weise aufschreiben. Dies führt zu einer Gleichung (oder einem Gleichungssystem), in der dieselbe Größe auf zwei verschiedene Arten ausgedrückt wird. [**III.**] *Konstruieren.* Die Gleichung konstruieren, d. h. ihre Lösungen geometrisch finden" (Mancosu 2008, S. 113).

---

[2] Ich ziehe es vor, Schusters Position gleich zu Beginn dieses Kapitels zu hinterfragen, damit ich in den Abschn. 4.1, 4.2 und 4.3 die drei Varianten der im *Discours* enthaltenen Methode diskutieren kann, ohne mich zu den von Schuster vertretenen Ansichten positionieren zu müssen.

[3] Nach diesem vorläufigen Verständnis hat jede Methode zwei Komponenten: ein allgemeines *heuristisches Schema,* das dann spezifiziert wird, um eine Liste einzelner *normativer Methoden* zu erhalten.

[4] Das Vorhandensein des obigen Schemas zeigt, dass „einige Historiker, Philosophen und Soziologen der Wissenschaft" die Unmöglichkeit jeglicher Methode nicht zuverlässig hätten feststellen können.

Anstelle des Benennens bekannter und unbekannter Größen, das der erste Schritt der analytischen Methode in der Geometrie ist, haben wir in der Physik die Messung (als physikalisches Äquivalent der bekannten Größen) und die hypothetische Einführung von Zuständen und Kräften (als physikalisches Äquivalent der unbekannten Größen). Der zweite Schritt, das Aufstellen von Gleichungen, ist derselbe, nur dass in der Physik Differentialgleichungen anstelle der von Descartes verwendeten algebraischen Gleichungen verwendet werden. Schließlich bleibt in der Physik die Lösung der jeweiligen Gleichungen den einzelnen Disziplinen überlassen. Die Methode in der Physik schreibt kein gemeinsames Verfahren vor, das dem von Descartes angegebenen Verfahren der geometrischen Konstruktion entsprechen würde.

Die erste erfolgreiche Anwendung oder Konkretisierung des oben genannten allgemeinen Schemas war die newtonsche Mechanik. Ebenso wie im Fall der analytischen Methode in der Mathematik (siehe Abschn. 4.1) gibt es auch im Schema Newtons eine Liste weiterer Konkretisierungen, wie Hydrodynamik, Thermodynamik, Elektrodynamik, Quantenmechanik und eine Reihe weiterer, enger gefasster Gebiete wie die Theorie der schwingenden Saite, die Theorie des radioaktiven Zerfalls und so weiter. Der Kürze halber werde ich nur die Gleichungen erwähnen, die Punkt 4 von Newtons allgemeinem Schema illustrieren, und dies auch nur für einige der genannten Konkretisierungen. Im Fall der klassischen Mechanik hat die Bewegungsgleichung die Form des zweiten Newtonschen Gesetzes, in der Hydrodynamik sind es die Navier-Stokes-Gleichungen, in der Thermodynamik die Fouriersche Wärmeleitungsgleichung, in der Elektrodynamik die Maxwell-Gleichungen und in der Quantenmechanik die Schrödinger-Gleichung. Wir sehen, dass die genannten Beispiele tatsächlich Konkretisierungen des allgemeinen Methodenschemas sind.

Wie im Fall der analytischen Methode in der Mathematik ist das allgemeine Schema zu vage, um den Fortschritt in einer bestimmten wissenschaftlichen Disziplin zu lenken. Eine solche Lenkung ist jedoch nicht notwendig, da die Methode nur auf der Ebene ihrer einzelnen Konkretisierungen angewendet wird. Sobald eine spezifische Menge von Größen eingeführt, eine bestimmte Art der Zustandsbeschreibung gewählt, eine konkrete Beschreibung der Wechselwirkung eingeführt und eine spezifische Bewegungsgleichung gefunden wurde, verfügen wir bereits über ein hinreichend konkretes Repertoire an Mitteln, auf deren Grundlage wir das allgemeine Schema anwenden können. Die konkretisierten Schemata verfügen somit über eine Vielzahl spezieller Verfahren, die zur Lösung physikalischer Probleme eingesetzt werden können. Zugegeben, durch die Konkretisierung verlieren wir die Universalität und Übertragbarkeit der Methode. Schusters Kritik an der Methode scheint daher auf einer Kombination aus dem Anspruch auf Universalität und Übertragbarkeit mit dem Anspruch auf Erfolg und Effizienz zu beruhen. Diese Anforderungen stehen jedoch im Widerspruch zueinander. Wenn wir jedoch *ein allgemeines Schema der Methode* (das vage und unbestimmt ist und daher nicht erfolgreich und effizient angewendet werden kann, was gerade der Grund für seine Universalität und Übertragbarkeit ist) und verschiedene *Konkretisierungen der Methode* (die spezifisch genug sind, um effektiv angewendet zu werden, weshalb sie weder übertragbar noch universell sind) unterscheiden, erhalten wir ein gutes Verständnis davon, wie eine Methode funktioniert.

Doch was hat das mit Descartes zu tun? Betrachtet man die vier Punkte von Newtons Methode im Lichte von Descartes' Texten zur Methode, so ist es nicht schwer, in Newtons Methode etwas von dem zu erkennen, worauf Descartes abzielte. Man muss zugeben, dass Descartes den entscheidenden *Schritt 1* nicht vollzogen hat. Zeit seines Lebens blieb er Mathematiker, das heißt jemand, der den Ausgangspunkt seiner Theorien in klarer und deutlicher Anschauung sucht, und nicht Physiker, der sich auf Experiment und Messung stützt. Doch in der kartesischen Reduktion der Phänomene auf Ausdehnung und Bewegung lässt sich der Keim von *Schritt 2* erkennen, eine Art Vorstufe des Zustandsbegriffs. Ebenso lässt sich in Descartes' Stoßtheorie der Keim von *Schritt 3* erkennen, einer Beschreibung der Wechselwirkung, auch wenn Descartes die Wechselwirkung nicht quantifizierte – das war Newton, der Kräfte als Maß für die Intensität der Wechselwirkung einführte; und Descartes' Gesetz der Erhaltung der Bewegungsquantität kann als Vorläufer von *Schritt 4,* der Bewegungsgleichung, gesehen werden. Daher kann man argumentieren, dass Descartes in seiner Physik ein Schema verwendete, das als Keim von Newtons Methode betrachtet werden kann.

Wir können noch einen Schritt weiter gehen, wenn wir uns vergegenwärtigen, dass der junge Newton ein Kartesianer war. Descartes' Biograf Stephen Gaukroger schreibt: „Newton, dessen Erfolg maßgeblich für den Niedergang des Cartesianismus im späteren Jahrhundert verantwortlich war, war selbst in den frühen 1660er Jahren ein Kartesianer, bevor er seine eigene, unverwechselbare Naturphilosophie entwickelte" (Gaukroger 1995, S. 4). Newtons Methode kann daher als Reaktion auf die Probleme der kartesischen Methode verstanden werden, und die Elemente von Newtons Methode können als Korrekturen der entsprechenden Elemente von Descartes' Methode gesehen werden. Wenn diese Interpretation zutrifft, bedeutet das, dass Descartes' Methode weder ein literarischer Effekt noch bloßes „Methodengerede" war. Schusters Kritik am Methodendiskurs ist vielleicht auf Carnap, Popper und Lakatos anwendbar. Verifikationismus, Falsifikationismus und die Methodologie wissenschaftlicher Forschungsprogramme mögen Beispiele für „Methodengerede" im Sinne Schusters sein. Betrachtet man jedoch das, was wir als Newtons Methode beschrieben haben, so scheint es, dass wir – entgegen Koyré, Kuhn, Bachelard, Feyerabend und Schuster – behaupten können, dass es in der Physik eine universelle, übertragbare und wirksame Methode gibt – und dass Descartes offenbar etwas Ähnliches zu schaffen versuchte.

4.1 Methode als analytische Methode

Es ist wenig überraschend, dass eines der Hauptmerkmale von Descartes' Denken ein tiefes Interesse an der Methode war. Das Aufkommen der symbolischen Algebra führte zu einer grundlegenden Transformation der gesamten Mathematik. Die universellen Verfahren der symbolischen Mathematik ersetzten die besonderen Kniffe der antiken griechischen, mittelalterlich-arabischen und frühneuzeitlich-europäischen Mathematik, die jeweils nur die Lösung spezieller Probleme erlaubten. Kurz nach diesem Wandel, zu dem Descartes nicht unwesentlich beitrug, erfolgte eine weitere grundlegende Transformation der Mathematik – das Entstehen der analytischen Geometrie. *La Géométrie,* in der Descartes seine Auffassung von Geometrie darlegte, erschien 1637 als Anhang zum *Discours de la Méthode.* Descartes behauptete, seine Geometrie sei eine Anwendung seiner Methode. Das wirft die Frage auf, wie Descartes' methodologische Konzepte mit seiner mathematischen Praxis, seiner *mathesis universalis,* und auch mit seiner Naturphilosophie zusammenhängen.

Wenden wir uns zunächst der Mathematik zu und betrachten, wie Mathematiker selbst den Begriff der Methode verstehen. Es scheint, dass in der Mathematik der Methodenbegriff üblicherweise auf zwei verschiedene Weisen verstanden wird. Erstens versteht man Methode in *einem normativen Sinn,* wobei unter „Methode“ eine Liste von Praktiken gemeint ist, die von Experten zur Lösung typischer Standardprobleme einer bestimmten Disziplin verwendet werden. In diesem Sinne spricht man in der Integralrechnung von der Substitutionsmethode, der Methode der partiellen Integration und der Partialbruchzerlegung; in der linearen Algebra von der Gaußschen Eliminationsmethode und der Methode der kleinsten Quadrate; in der Theorie der partiellen Differentialgleichungen von der Methode der Separation der Variablen, der Fourieranalyse, der Methode der finiten Elemente, der Simplexmethode, der Methode der Variation der Konstanten, der Hamilton-Jacobi-Methode, der Methode der singulären Störungen und vielen anderen. Die Mathematik kennt Dutzende, vielleicht sogar Hunderte solcher Methoden. Jede ist für eine bestimmte Problemklasse konzipiert und wird von streng bewiesenen Sätzen begleitet, die angeben, unter welchen Bedingungen und Einschränkungen die Methode zuverlässig ist. Man kann eine bestimmte Methode korrekt anwenden oder bei ihrer Anwendung Fehler machen. Daher kann man von der Methode im normativen Sinn sprechen.

Alle diese Methoden gehören zur nachkartesischen Mathematik. Auch wenn Descartes sie nicht erfunden hat, nutzen diese Methoden die Möglichkeiten, die der Mathematik durch den symbolischen Zugang eröffnet wurden, den Descartes gemeinsam mit Viète begründet hat. Praktisch alle betrachteten Methoden bestehen darin, das Problem symbolisch zu formulieren, eine bestimmte Form des die Lösung repräsentierenden Ausdrucks zu wählen und diesen Ausdruck in ein spezielles Verfahren einzusetzen, das – sofern bestimmte Bedingungen erfüllt sind – zum Ergebnis führt. Daher kann man sagen, dass alle genannten Methoden Varianten der analytischen Methode sind. Es wird vorausgesetzt, dass das Problem bereits gelöst ist und die Lösung die Form des Produkts zweier Funktionen (bei der Methode der partiellen Integration), die Form einer zusammengesetzten Funktion (bei der Substitutionsmethode) oder die einer rationalen Funktion (bei der Partialbruchzerlegung) hat. Die Vielzahl spezieller Methoden konnte nur dank

Viètes *ars analytica* entstehen, die Descartes zur *analytischen Methode* weiterentwickelte.[5]

Das Wort „Methode“ kann auch in einem *heuristischen Sinn* verstanden werden, als Handlungsplan zur Überwindung eines neuen, bislang ungelösten Problems. Gelingt eine heuristische Methode und wird das Problem gelöst, so ist es üblich, die Bedingungen ihres Funktionierens zu untersuchen und mit der Umwandlung von einer heuristischen in eine normative Methode zu beginnen. George Pólyas Buch *Mathematical Discovery* kann als Leitfaden für Descartes' heuristische Methode dienen (siehe Polya 1962).[6] Aus Pólyas Werk entstand ein Ansatz für den Mathematikunterricht, bekannt als „Problem Solving“, der Wert darauf legt, Schüler zum Lösen mathematischer Probleme anzuleiten. Pólya widmet das zweite Kapitel seiner *Mathematical Discovery* der Erklärung von Descartes' Methode. Das bedeutet, dass Descartes' Ideen im Mathematikunterricht noch immer lebendig sind. Es besteht daher eine gewisse Spannung zwischen Mathematikdidaktikern und Wissenschaftsphilosophen in der Bewertung von Descartes' Methode. Während Schuster schreibt, Descartes' Methode sei bloßes „Methodengerede“, sieht Pólya sie als eine der grundlegenden Heuristiken, die jeder angehende Mathematiker erwerben sollte.

So wie wir die symbolische Algebra als erste Annäherung an die *mathesis universalis* genommen haben, können wir die analytische Methode als erste Annäherung an Descartes' Methode betrachten. Weder im Fall der Algebra noch im Fall der analytischen Methode handelt es sich um eine originäre Schöpfung von Descartes. In beiden Fällen war François Viète der Vorläufer von Descartes. Es scheint jedoch, dass im Fall der analytischen Methode Descartes' Beitrag wesentlicher war als im Fall der symbolischen Algebra. Vorläufig lässt sich die Methode definieren als *ein allgemeines Verfahren, das die Lösung einer breiten Klasse von Problemen ermöglicht* (im Gegensatz zu den besonderen Verfahren der prä-symbolischen Mathematik, die nur die Lösung spezieller Probleme erlaubten), *verbunden mit einem Verständnis der Ursachen und Grenzen ihres Funktionierens* (im Gegensatz zu Kniffen, die oft auf glücklichen Zufällen beruhen).

Viète führte das, was später *die analytische Methode* genannt werden sollte, in seinem Buch *Introduction to Analytic Art* (Viète 1591) ein. Er unterteilte die

[5] Die analytische Methode kann somit als übertragbar und effizient gelten. Ob sie als einzigartig zu bewerten ist, hängt davon ab, ob wir bereit sind, die implizite Einheit des analytischen Ansatzes hinter der Vielzahl der genannten normativen Methoden mit einer einzigartigen heuristischen Methode gleichzusetzen, und wir beginnen zu verstehen, warum Descartes in der Formulierung der Regeln der allgemeinen Methode vage und unbestimmt blieb. Die Anwendung der Methode, etwa auf das Problem der Integration, erfordert ihre Spezifizierung (in Form der Methode der partiellen Integration, der Substitutionsmethode oder der Partialbruchzerlegung). Daher hat Schuster recht, wenn er sagt, dass die Methode nie in ihrer allgemeinen Form angewendet wird. Das ist eine Tatsache, die wir anerkennen müssen. Doch Dutzende oder gar Hunderte erfolgreicher Konkretisierungen der analytischen Methode zeigen, dass dies die von ihm daraus gezogenen Schlussfolgerungen nicht rechtfertigt.

[6] George Pólya hat einen Beweis in *The Book* (siehe Aigner und Ziegler 1998, S. 139).

analytische Kunst in drei Teile – Zetetik, Poristik und Exegetik – die jeweils eine Reihe von Regeln enthalten. So umfasst die Zetetik 14 Regeln und die Exegetik besteht aus 29 Punkten, die sich hauptsächlich auf terminologische Regeln beziehen. Die vierte und fünfte Regel der Zetetik lauten: „4. Größen, sowohl gegebene als auch gesuchte, sind gemäß der Aufgabenstellung durch Addition, Subtraktion, Multiplikation und Division zu kombinieren und zu vergleichen, wobei stets das Gesetz der homogenen Größen zu beachten ist. Daraus ergibt sich, dass am Ende etwas gefunden wird, das dem Unbekannten oder einer seiner Potenzen gleich ist. … 5. Um diese Arbeit durch ein weiteres Hilfsmittel zu unterstützen, werden gegebene Größen von Unbekannten durch konstante, allgemeine und leicht erkennbare Symbole unterschieden, etwa indem unbekannte Größen mit dem Buchstaben *A* und den anderen Vokalen *E*, *I*, *O*, *U* und gegebene Größen mit den Buchstaben *B*, *G*, *D* und den anderen Konsonanten bezeichnet werden“ (Viète 1591, S. 23 und 24). Aus den die Größen des Problems repräsentierenden Buchstaben wird eine Seite der Gleichung gebildet (in Regel 6) und die andere Seite (in Regel 8). Viète zeigt, wie man eine Gleichung so umformt, dass sie in kanonische Form gebracht wird. Am Ende des Buches schreibt er: „Schließlich beansprucht die analytische Kunst, ausgestattet mit ihren drei Formen Zetetik, Poristik und Exegetik, für sich das größte aller Probleme, nämlich jedes Problem zu lösen“ (Viète 1591, S. 32).

Bereits bei Viète finden wir somit die grundlegenden Elemente der analytischen Methode – alle Parameter des gegebenen Problems, bekannte und unbekannte, sollen durch Buchstaben ausgedrückt und das Problem in Form einer Gleichung dargestellt werden. Um die Gleichungen zu modifizieren, führt Viète eine Reihe von Verfahren ein, denen er weitere nach der Veröffentlichung der *Introduction* verfasste Werke widmet.[7] Wir sehen, dass die vierte und fünfte Regel der Zetetik mit dem übereinstimmen, was wir in der Einleitung zu diesem Kapitel als Descartes' „analytische Methode“ bezeichnet haben, und bereits bei Viète begegnet uns die Behauptung, dass die analytische Methode in der Lage ist, alle Probleme zu lösen. Die analytische Methode hat also von Anfang an universelle Ansprüche – sie war keine Erfindung von Descartes, sondern bereits bei Viète vorhanden. Um die Begeisterung für die analytische Methode zu verstehen, müssen wir uns die Neuerungen vergegenwärtigen, die Viètes analytische Kunst einleitete. Vergleichen wir sie daher mit der analytischen Methode, wie sie von Pappos dargestellt wurde (vgl. Hintikka und Remes 1974).

Wenn ein antiker Geometer einen bestimmten Satz beweisen wollte (d. h. er suchte einen Beweis oder, in Viètes Terminologie, er betrieb Zetetik) oder eine bestimmte geometrische Figur konstruieren wollte (d. h. er suchte eine Konstruktion oder, in Viètes Terminologie, er betrieb Poristik), nahm er an, dass das zu lösende Problem bereits gelöst sei, sodass das gesuchte Objekt bereits konstruiert

[7] Eines dieser Werke haben wir in Abschn. 2.1 herangezogen, als wir erklärten, wie Descartes mit Hilfe seines Proportionalzirkels Gleichungen der Form $x^3 = -bx + c$ lösen konnte.

war.[8] Dadurch hob er die *epistemische Schranke* auf, die das Bekannte vom Unbekannten trennte. Ausgehend von der angenommenen Existenz des zu konstruierenden Objekts analysierte er dieses, um herauszufinden, was noch hätte konstruiert werden müssen, damit das Objekt existieren kann. Durch eine Abfolge solcher Schritte versuchte er entweder zu einem Widerspruch zu gelangen (was bedeutete, dass die Konstruktion unmöglich war) oder zu einem bekannten Objekt, das er als Ausgangspunkt nehmen konnte, und indem er die Schritte der Analyse in umgekehrter Reihenfolge durchlief, konnte er das gesuchte Objekt synthetisch konstruieren. Der antike Mathematiker interpretierte also den *epistemischen Unterschied* zwischen bekannten und gesuchten Objekten *zeitlich:* Er nahm an, dass das gesuchte Objekt zu einem zukünftigen Zeitpunkt bereits konstruiert war, und bewegte sich *rückwärts in der Zeit,* vom Ende der hypothetischen Konstruktion bis zu einem ihm bekannten Sachverhalt. Dann *kehrte er die zeitliche Reihenfolge* der Analyseschritte um und konstruierte das gesuchte Objekt in einem synthetischen Verfahren.

Viète brachte eine grundlegende Verbesserung der analytischen Methode, indem er zwischen unbekannten Größen und Parametern unterschied. Die unbekannten Größen bezeichnete er durch große Vokale (*A*, *E*, *I*, *O*, *U*) und die Parameter durch große Konsonanten (*B*, *C*, *D*, *F*, *G*).[9] Dadurch konnte er das Problem in Form einer Gleichung ausdrücken, die die Unbekannte mit den gegebenen Größen in Beziehung setzt. Auf diese Weise wurde der *epistemische Unterschied,* der das unbekannte Objekt vom gegebenen trennt und von den Alten zeitlich behandelt wurde, indem sie die hypothetische Konstruktion in der Zeit entfalteten und rückwärts analysierten, *sprachlich ausdrückbar.* Viète führte einen *syntaktischen Unterschied* anstelle des *zeitlichen Unterschieds* der Alten ein, um den *epistemischen Unterschied* auszudrücken. Sowohl die bekannten als auch die unbekannten Größen erscheinen in der Gleichung gleichberechtigt. Dies war ein grundlegender erkenntnistheoretischer Wandel.

Aufgrund des zeitlichen Unterschieds standen dem antiken Geometer entweder *nur die bekannten Größen* zur Verfügung (wenn er annahm, sich im gegenwärtigen Zeitpunkt zu befinden und synthetisch weiterarbeitete, indem er weitere Elemente zur bereits konstruierten Figur hinzufügte), oder er hatte Zugang *nur zu unbekannten Größen* (wenn er annahm, sich im zukünftigen Zeitpunkt zu

[8] Obwohl Viète die Begriffe *zetetisch* und *poristisch* von Pappos übernahm, hielt er sich nicht an deren ursprüngliche Bedeutung, d. h. Zetetik als Suche nach einem Beweis und Poristik als Suche nach dem Konstruktionsverfahren.

[9] Im antiken Griechenland wurden Zahlen mit Kleinbuchstaben geschrieben. Kleines Alpha stand für eins, Beta für zwei, Gamma für drei usw. Diophant verwendete daher Großbuchstaben zur Bezeichnung der Potenzen der Unbekannten, und Viète scheint ihm darin gefolgt zu sein. Unsere heutige Konvention, die Unbekannten durch Kleinbuchstaben vom Ende des Alphabets (x, y, z) und die Parameter durch Kleinbuchstaben vom Anfang (a, b, c) zu bezeichnen, stammt aus Descartes' *La Géométrie.* Descartes fand diese Lösung nach einigem Suchen. Eine Zeit lang verwendete er „die Buchstaben a, b, c usw. für die bekannten Größen und A, B, C usw. zur Bezeichnung der unbekannten Größen" (siehe Regel 16 in Descartes 1701, S. 67; AT 10, S. 455).

befinden, in dem das Problem bereits gelöst war, und diese angenommene, aber unbekannte zukünftige Lösung schrittweise in ihre Komponenten zerlegte). Die analytische Methode ging gegen den Zeitpfeil vor, um zu etwas bereits Bekanntem zu gelangen. So wurden die durch die zeitliche Ordnung getrennten Welten zusammengeführt, und durch Umkehrung der Reihenfolge der Analyse konnte der Geometer synthetisch konstruieren.

Im Gegensatz dazu stehen in Viètes Gleichung sowohl die bekannten als auch die unbekannten Größen nebeneinander in derselben Gleichung. Das bedeutet, dass Viète über eine größere Anzahl von Beziehungen verfügt. Im Fall eines regelmäßigen Heptagons etwa erhält die Gleichung, die dessen Seite z mit der Länge des Radius des umschriebenen Kreises in Beziehung setzt (nach Einführung einer neuen Variablen $y = z + \frac{1}{z}$), die Form $y^3 + y^2 - 2y - 1 = 0$ (Einzelheiten siehe Courant und Robbins 1941, S. 138–139). Dies ist eine faszinierende Gleichung, die den Radius eines Kreises (also eine bekannte Größe) und die Seite eines regelmäßigen Heptagons (die wir noch nicht kennen, da das Problem noch nicht gelöst ist) miteinander in Beziehung setzt. Eine solche Beziehung konnte ein antiker Mathematiker nicht ausdrücken. Er konnte eine Unbekannte mit einer bekannten Größe nur dann in Beziehung setzen, wenn die Unbekannte konstruierbar war und der Analyseprozess somit bei einer bekannten Größe endete. Die Gleichung $y^3 + y^2 - 2y - 1 = 0$, insbesondere die Tatsache, dass es sich um eine irreduzible kubische Gleichung handelt, *zeigt,* dass das Heptagon nicht konstruierbar ist. Da der antike Mathematiker keine Beziehung zwischen einer bekannten und einer unbekannten Größe ausdrücken konnte, konnte er nicht erkennen, dass das Problem der Konstruktion eines regelmäßigen Heptagons unlösbar ist. Seine Analyse würde einfach niemals enden. Im Gegensatz dazu führt Viètes analytische Methode zu einer kubischen Gleichung, die diese Unkonstruierbarkeit *zeigt.* Indem sie die unbekannten und bekannten Größen explizit miteinander in Beziehung setzen kann, vermag sie zu zeigen, dass die Analyse der Alten niemals zum Abschluss kommt.

Die Gleichung friert die Zeit ein. Der epistemische Unterschied zwischen Bekanntem und Unbekanntem, den die Alten als Unterschied zwischen Gegenwart und Zukunft interpretierten, drückte Viète syntaktisch aus. Sowohl das Bekannte als auch das Unbekannte sind *gleichzeitig vorhanden* in einer Gleichung, die wir umformen können. So ersetzen die Schritte der Modifikation der algebraischen Gleichung die Analyse der geometrischen Figur durch den antiken Geometer. Dieser Wandel ist tiefgreifend und eröffnet ungeahnte Möglichkeiten. Dies zeigt sich am Beispiel eines unlösbaren Problems. Hätte ein antiker Geometer angenommen, das Objekt sei bereits konstruiert, und begonnen, es zu analysieren, so würde seine Analyse niemals enden, egal wie lange er es versuchte. Im Gegensatz dazu kann Viète, indem er die Beziehungen zwischen bekannten und unbekannten Größen in der Sprache der Algebra ausdrückt, feststellen, dass die Gleichung, die die unbekannte Größe beschreibt, so beschaffen ist, dass ihre Wurzeln nicht konstruierbar sind. Um dies feststellen zu können, genügte es, eines zu bemerken, was Viète vermutlich entging, Descartes jedoch erkannte, nämlich dass nur die Wurzeln von Gleichungen zweiten Grades (und deren Zusammensetzungen) mit Zirkel und Lineal konstruierbar sind. Das ist der Grund für die Unkonstruierbarkeit des regelmäßigen Heptagons.[10] Es sind noch mehrere Schritte erforderlich, um einen Beweis der Unkonstruierbarkeit zu führen, doch das Prinzip, auf dem der Beweis beruht, war bereits Descartes bekannt.

Viètes Begeisterung für seine analytische Kunst ist daher keineswegs übertrieben. Wenn wir ein beliebiges Buch über theoretische Physik aufschlagen, geschieht dort genau das, was Viète vorgeschlagen hat – Physiker versehen die ihnen bekannten und unbekannten Größen mit Buchstaben, schreiben die zwischen ihnen geltenden Gleichungen auf und lösen diese Gleichungen anschließend. Hier unterscheidet sich die Arbeit des modernen Physikers von der des Naturphilosophen der Antike, des Mittelalters und der frühen Neuzeit.[11] Das bedeutet, dass die heutigen Physiker die analytische Methode zur Lösung physikalischer Probleme verwenden.[12] Tatsächlich findet nahezu die gesamte moderne theoretische Physik im Rahmen der analytischen Methode statt. Daher kann diese Methode gar nicht hoch genug eingeschätzt werden. Unsere heutige Physik ist ohne die analytische Methode undenkbar. Descartes war ein herausragender Meister der analytischen Methode, und so müssen wir versuchen zu verstehen, warum er seine Physik nicht in dieser Weise formulierte. Die Antwort auf diese Frage wollen wir jedoch auf Kap. 5 verschieben und uns zunächst einer Vertiefung unseres begrifflichen Verständnisses der analytischen Methode zuwenden.

So wie ich *mathesis universalis* nicht mit symbolischer Algebra gleichgesetzt, sondern ihr (geleitet von Miles) die weiter gefasste Bedeutung einer Mathematik verliehen habe, die in der Lage ist, Allgemeinheit auszudrücken, werde ich nun Ähnliches mit Descartes' analytischer Methode tun. Ich werde sie nicht mit ihrem algebraischen Kern, also mit der analytischen Methode im Sinne Descartes', identifizieren, sondern versuchen, diese Methode begrifflich zu erfassen.[13] Ich sehe das Wesen der analytischen Methode darin, *ein Problem in seiner vollen Allgemeinheit in eine symbolische Sprache in Form einer Gleichung zu überführen und es durch Transformation dieser Gleichung mittels der syntaktischen Regeln der jeweiligen symbolischen Sprache zu lösen.*[14] Nach meinem Verständnis ist die analytische Methode nicht auf die Algebra beschränkt, in der sie entstanden ist.

---

[10] Ein Beweis hierfür findet sich bei Courant und Robbins (1941, S. 127–140).

[11] Der Naturphilosoph, sofern er einer Richtung des Aristotelismus anhing, suchte in der Regel nach dem Mittelbegriff eines kategorischen Syllogismus und nicht nach einer Gleichung, die bekannte und unbekannte Größen miteinander verknüpft. Seine Methode beruhte daher nicht auf symbolischer Mathematik, sondern auf dem Gebrauch der syllogistischen Logik.

[12] Natürlich gibt es einen wesentlichen Unterschied. Ihre Gleichungen sind keine algebraischen Gleichungen (wie sie von Viète und Descartes verwendet wurden), sondern Differentialgleichungen. Dies ist jedoch ein Detail, ein wichtiges, aber dennoch ein Detail. Das grundlegende Vorgehen ist in beiden Fällen dasselbe, nämlich analytisch.

[13] Ausgehend von einer vorläufigen Charakterisierung der analytischen Methode strebe ich an, zu ihrem begrifflichen Verständnis zu gelangen.

[14] Eine Gleichung ist die analytische Darstellung eines *Problems*. Die Gleichung ist somit ein *epistemisches Objekt*.

Descartes brachte sie in die Geometrie in *La Géométrie* (Descartes 1637b), anschließend Euler in die Differential- und Integralrechnung in *Introductio in analysin infinitorum* (Euler 1748), Lagrange in die klassische Mechanik in *Mécanique analytique* (Lagrange 1788), Fourier in die Thermodynamik in *Théorie analytique de la chaleur* (Fourier 1821) und schließlich Boole in die Logik in *The Mathematical Analysis of Logic* (Boole 1847). Dennoch waren die Veränderungen, die die Einführung der analytischen Methode in jeder dieser Disziplinen bewirkte, grundlegend.

Das Wesen der analytischen Methode sollte daher nicht im Kunstgriff der Unterscheidung von Unbekannten und Parametern gesehen werden. Wir müssen sie begrifflich verstehen als eine Methode der *symbolischen Darstellung einer Problemsituation* in ihrer Allgemeinheit, die es ermöglicht, das Problem durch *syntaktische Transformationen dieser Darstellung* zu lösen. Es ist wichtig, zu diesem begrifflichen Verständnis zu gelangen, denn wie im Fall der *mathesis universalis* hielt sich Descartes nicht an seinen ersten methodischen Ansatz, sondern versuchte, ihn zu verallgemeinern. Wenn wir die analytische Methode nur als Kunstgriff der Unterscheidung von Unbekannten und Parametern verstehen, werden wir dieser Verallgemeinerung nicht folgen können, die uns dann lediglich als leere, großspurige Rede erscheinen wird.[15]

Einer von Descartes' Beiträgen zur Entwicklung der analytischen Methode lag in ihrer Übertragung auf die Geometrie. In der analytischen Geometrie werden Kurven durch Gleichungen beschrieben, und es war Descartes, der diese neue Art der Definition von Kurven erfand (siehe Bos 2001). Die Bedeutung der analytischen Geometrie kann nicht hoch genug eingeschätzt werden. Der antiken Physik fehlte die Kenntnis einer ausreichenden Anzahl von Kurven, um die Bewegung untersuchen zu können. Erst die analytische Geometrie eröffnete ein völlig neues Universum von Kurven und schuf eine Sprache, die flexibel genug war, um mit ihnen zu arbeiten, sodass eine physikalische Untersuchung der Bewegung beginnen konnte.

4.2 Methode als epistemische Methode

Wie wir in Abschn. 3.2 festgestellt haben, gab es zu Descartes' Zeiten keine Rechtfertigung für die Techniken der *mathesis universalis*. Al-Chwarizmi, ebenso wie Cardano, bewies dic Korrektheit der bei der Lösung algebraischer Gleichungen verwendeten Verfahren, indem er die algebraischen Beziehungen geometrisch interpretierte: x als Länge eines Liniensegments, x^2 als Fläche eines Quadrats, x^3 als Volumen eines Würfels, und indem er die Schritte des algebraischen Ver-

[15] Descartes war nicht der Einzige, der versuchte, aus der Algebra eine allgemeine Methode zu abstrahieren. Man kann *universelle Algebra* und *Kategorientheorie* als zwei weitere Versuche betrachten, die methodologische Bedeutung der Algebra zu erfassen.

fahrens mit geometrischen Figuren nachvollzog. Da die Geometrie axiomatische Grundlagen besaß, war es somit möglich, die Korrektheit der algebraischen Verfahren mittels der Geometrie zu beweisen. Die Algebra wurde somit von Al-Chwarizmi und Cardano auf der euklidischen Geometrie begründet. Dies ist jedoch nur für jenen Teil der Algebra möglich, der nur Gleichungen zweiten und dritten Grades enthält.[16] Descartes erkannte, dass er die *mathesis universalis* nicht auf den Prinzipien der euklidischen Geometrie gründen konnte. Für x^4 fehlte das entsprechende geometrische Objekt. Es entstand somit die Notwendigkeit, die Grundlagen der analytischen Methode unabhängig von den Begrenzungen des Raumes zu entwickeln. Descartes führte eine neue Interpretation der Potenzen von Größen ein, bei der x^4 einem Rechteck entsprach, dessen eine Seite die Länge x und die andere die Länge x^3 hatte. Das Rechteck wurde so zu einem geometrischen Symbol, das die Größe x^4 repräsentierte. Descartes war der Ansicht, dass wir, wenn wir geometrische Figuren nicht im vulgären Sinn als reale Objekte mit realen Dimensionen, sondern im symbolischen Sinn als Zeichen für algebraische Größen verstehen, die symbolische Algebra auf geometrische Operationen mit diesen symbolisch aufgefassten Figuren gründen können. Es genügt, Regeln für die Manipulation geometrischer Symbole einzuführen (die zum Beispiel der Multiplikation zweier Größen der vierten Dimension entsprechen), analog zu denen, die Cardano verwendete, der mit Objekten der vulgären Geometrie operierte und so die Grundlage für seinen Beweis der Korrektheit seiner Lösung kubischer Gleichungen schuf. Auf diese Weise wurden die Regeln der analytischen Methode, übersetzt in Regeln für die Manipulation geometrischer Zeichen, zur Grundlage von Descartes' universeller Mathematik. Bald erkannte Descartes, dass sie als Fundament des Wissens überhaupt dienen konnte.[17]

---

[16] In dieser Hinsicht ist Cardanos geometrischer Beweis des algebraischen Verfahrens zur Lösung der Gleichung $x^3 + bx = c$ interessant. Er betrachtete zwei Würfel, schnitt den größeren davon entsprechend zurecht, ordnete seine Teile den algebraischen Gliedern zu und bewies so die Richtigkeit seiner Regel (siehe Cardano 1545, S. 96–98). Dennoch konnte er dies nur im Fall von Gleichungen zweiten und dritten Grades tun. Bei einer Gleichung vierten Grades griff Cardano zu einem Kunstgriff, den er weder kommentierte noch zu erklären versuchte. Er setzte die Größe x^4 *(quadrato quadratum)* einem Quadrat gleich (ebd., S. 238). Dies scheint eine Verletzung der Dimensionalität zu sein. Es ist möglich, dass Descartes' Vorgehen in seiner Regel 18 von Cardanos Kunstgriff inspiriert war und Descartes diesen Trick in eine systematische Methode verwandelte, mit der er die durch den Raum gesetzten Grenzen der geometrischen Interpretation algebraischer Operationen überwand.

[17] Descartes' symbolische Geometrie, wie in Abschn. 3.2 beschrieben, kann somit als eine Verallgemeinerung von Cardanos Methode angesehen werden, die Korrektheit algebraischer Verfahren durch geometrische Konstruktionen zu beweisen. Der Unterschied besteht darin, dass Cardano ein Quadrat nur zur Darstellung der zweiten Potenz der Unbekannten verwendete (mit der einzigen Ausnahme der Lösung einer Gleichung vierten Grades, die er jedoch weder erklärte noch rechtfertigte), während Descartes durch Rechtecke beliebig hohe Potenzen der Unbekannten darstellte. Beide Mathematiker versuchten jedoch, algebraische Verfahren durch geometrische Transformationen zu rechtfertigen.

Stephen Gaukroger hat eine im Wesentlichen mit der von Schuster übereinstimmende Auffassung vertreten, auch wenn er sie weniger dramatisch formuliert. „Das Problem, das sich ergab, war, dass der Bereich der Operationen, für die diese Art grundlegender Legitimationsverfahren galt, sich nicht auf die anspruchsvolleren Operationen erstreckte, mit denen Descartes' Algebra umgehen konnte. Und gerade solche Operationen werden in den Regeln 9–12 ins Auge gefasst, nämlich das Ziehen von Wurzeln höheren Grades, bei denen keine Manipulation von Linienlängen das Ergebnis liefern kann. An diesem Punkt werden die *Regulae* aufgegeben, und dies markiert auch das Ende des Versuchs, Wissen an der Mathematik zu orientieren" (Gaukroger 2008, S. 7). Gaukroger ist also, wie Schuster, der Ansicht, dass das *Regulae*-Projekt gescheitert ist.

Wenn wir den Proportionalzirkel aus *La Géométrie* berücksichtigen, der nach Schuster den Kern von Descartes' *mathesis universalis* bildete, verlieren Gaukrogers Worte an Überzeugungskraft. Es stimmt, dass Descartes in *La Géométrie* den Proportionalzirkel zur Einführung neuer Kurven verwendete, was dem Gesamtziel des Buches entspricht. Derselbe Zirkel kann jedoch auch zum „Ziehen von Wurzeln höheren Grades" verwendet werden. Da die geometrische Interpretation der Grundrechenarten +, −, × und : von Descartes auf Seite 2 erklärt wurde, bedeutet dies, dass sich mit Lineal, gewöhnlichem Zirkel und Proportionalzirkel ein Liniensegment konstruieren lässt, das die durch eine beliebige algebraische Formel ausgedrückte Größe repräsentiert (sofern unter dem Wurzelzeichen keine negativen Zahlen stehen). Es erscheint daher unwahrscheinlich, dass Descartes' Methode, die universelle Mathematik durch mit dem Proportionalzirkel konstruierte Liniensegmente geometrisch zu fundieren, auf ein Problem gestoßen wäre. Descartes gab sein Projekt, das Wissen geometrisch zu begründen, einfach deshalb auf, weil um 1628 ein interessanteres Projekt entstand, das im Laufe von fünf Jahren zu *Le Monde* führte.

Als Descartes die erkenntnistheoretische Methode im *Discours* einführte, verwendete er recht allgemeine und unspezifische Formulierungen. Liest man diese aufmerksam, ist es nicht schwer zu erkennen, dass es sich um die Prinzipien handelt, denen auch Euklid beim Verfassen der *Elemente* folgte. Euklid akzeptierte nichts als wahr, was er nicht beweisen konnte. Wählte er einen schwierigeren Satz, zerlegte er den Beweisweg in eine Abfolge einfacherer Hilfssätze, auf die er sich im Beweis des Hauptsatzes bezog. So zerlegte Euklid komplexe Probleme, genau wie es Descartes forderte. Bei der Anordnung der Probleme ging Euklid vom Einfachen zum Komplexeren vor. Damit war das, was Descartes' Methode verlangte, bei Euklid bereits verwirklicht. Descartes dehnte diese Prinzipien lediglich auf das gesamte Wissen aus.

Schuster fasste den Kern von Descartes' erkenntnistheoretischer Methode aus dem *Discours* in drei Punkten zusammen: „1. Alle rational erfassbaren Wahrheiten bestehen in einem Netz deduktiver Verknüpfungen, und dies ist die Bedeutung der ‚Einheit der Wissenschaften'. 2. Als vernunftbegabte Wesen verfügen Menschen über zwei göttlich verliehene Fähigkeiten zur Erlangung der Wahrheit: die Fähigkeit, einzelne Wahrheiten zu erfassen, und die Fähigkeit, gültige Verbindungen zwischen ihnen abzuleiten. 3. Ein einzelner Geist, der Intuition und Deduktion ausübt, könnte im Prinzip das gesamte Geflecht durchschreiten“ (Schuster 1986, S. 41 und 42). Betrachtet man diese Punkte genauer, ist es nicht schwer, sie als die Prinzipien zu interpretieren, auf denen Euklids *Elemente* beruhen. Euklids *Elemente* sind als ein Netz deduktiver Verknüpfungen aufgebaut, wobei jeder Satz erst dann eingeführt wird, wenn alle für seinen Beweis notwendigen Voraussetzungen bewiesen sind. Die Postulate und Axiome, auf denen das gesamte Gebäude ruht (mit möglicher Ausnahme des fünften Postulats), sind anschaulich, und alle weiteren Sätze werden deduktiv aus ihnen abgeleitet. Darüber hinaus sind die *Elemente* so verfasst, dass ein Einzelner im Prinzip alle dreizehn Bücher durchgehen und die logische Korrektheit jedes deduktiven Schrittes in jedem Beweis überprüfen kann. Daraus lässt sich schließen, dass *Descartes Euklid imitiert.* Nachdem er erkannt hatte, dass die Postulate und Axiome der (vulgären, d. h. konkreten) Geometrie Euklids keine Grundlage für die *mathesis universalis* bieten konnten, versuchte er, von Euklid die allgemeine Art des Aufbaus der *Elemente* zu übernehmen. Descartes' erkenntnistheoretische Methode ist somit ein konservativer Versuch, die methodischen Tugenden der Gewissheit und Klarheit von Euklids *Elemente* mit den erkenntnistheoretischen Vorzügen der Allgemeinheit und Ausdruckskraft der analytischen Methode zu verbinden.

Schuster schreibt: „Wendet man sich nun den *Regulae* zu, so kann man sagen, dass der einleitende Abschnitt des Textes, etwa die Regeln 1 und 11, einfach dem *Discours* entsprechen. … Interessant sind hier jedoch die Wege, auf denen die *Regulae* ein klareres und zugleich detaillierteres Bild als der *Discours* vom Kern der cartesischen Methodendoktrin bieten“ (Schuster 1986, S. 43). Es ist naheliegend, dass die zwischen 1619 und 1620 verfassten Regeln klarer und detaillierter sind, da Descartes' erkenntnistheoretische Situation damals noch homogen war: Er hatte die Konsequenzen des *cogito* noch nicht entdeckt. Wissen war noch nicht in Erkenntnis als passive Wahrnehmung ausgedehnter Dinge mittels der körperlichen Organe und Erkenntnis als aktives Tun des Ichs im inneren Sinn gespalten. Als er um 1628 erkannte, dass diese beiden Bereiche der Erkenntnis grundlegend verschieden waren und ihre erkenntnistheoretische Einheit nicht haltbar war, formulierte er die Regeln der erkenntnistheoretischen Methode so, dass sie beide Bereiche einschlossen. Dies zwang ihn, viele Details wegzulassen, die nur auf einen dieser Bereiche zutreffen würden.

In den vier offiziell erklärten Regeln der (erkenntnistheoretischen) Methode, die im dritten Teil des *Discours* vorgestellt werden, erkennt man daher ein funktionelles und erfolgreiches Projekt für eine Methode, die auf den Aufbau der Grundlagen der *mathesis universalis* abzielt, welche in Form der symbolischen Geometrie drei interessante und wichtige Momente mit sich bringt. (1) Die *Homogenisierung* des Gegenstandsbereichs der Methode – alle Erkenntnisobjekte werden durch Strecken und Rechtecke, d. h. durch symbolische Geometrie, dargestellt. Ihre Beziehungen sind geometrische Relationen von Gleichheit und Ordnung. (2) *Eine mechanische Theorie der Sinneswahrnehmung* – der kognitive Aspekt des Wissens ist in der Sprache der *mathesis universalis* ausdrückbar. Die Akte der Erkenntnis sind somit Prozesse, die den Regeln der *mathesis universalis* unterliegen. (Dies ist vergleichbar mit der projektiven Geometrie, in der *Wahrnehmung* als Akt der *Projektion* eines Bildes auf die Netzhaut verstanden wird, wobei diese Projektion im präzisen geometrischen Sinne als *Zentralprojektion* interpretiert wird.) (3) Die strengen Regeln der euklidischen Geometrie lassen sich auf die Strecken und Rechtecke anwenden, durch die die symbolische Geometrie Wissen repräsentiert.

Die Zeichen (Strecken oder Rechtecke) der symbolischen Geometrie können somit sowohl ‚wörtlich' als Objekte einer vulgären Geometrie als auch ‚symbolisch' als Zeichen der symbolischen Geometrie verstanden werden. Das Objekt der vulgären Geometrie unterscheidet sich vom Zeichen der symbolischen Geometrie nur in seiner Bedeutung, indem es ein Rechteck ist und nicht die Darstellung eines vierdimensionalen Würfels. Da die Relationen bezüglich Ordnung und Maß in beiden Lesarten identisch sind, ist der euklidische Beweis einer bestimmten Beziehung zwischen Aspekten vulgärer Objekte zugleich ein Beweis der entsprechenden symbolischen Beziehung. Ist diese Interpretation von Descartes' erkenntnistheoretischer Methode korrekt, so lässt sich die Kontinuität zwischen den *Regulae* und dem *Discours* erkennen und die erkenntnistheoretische Methode als vereinfachte Formulierung der Methode der *Regulae* verstehen. Sie ermöglicht es auch, Descartes' nächsten methodologischen Schritt zu begreifen – die Übertragung der Methode auf das Gebiet der Physik. Wenn symbolisch interpretierte geometrische Objekte die Grundlage für sinnliche Erkenntnis bieten können, warum sollten sie dann nicht auch als Grundlage der Physik dienen?

4.3 Methode als Reduktionsmethode

Die ersten beiden Antworten auf die Frage *Was ist Descartes' Methode?* bezogen wir auf *La Géométrie* und die *Regulae*. Für die dritte Antwort müssen wir uns *Le Monde* zuwenden. Wir können Descartes' Physik mithilfe der analytischen Methode aus Abschn. 4.1 betrachten. Bei einem physikalischen Problem können wir alle Größen, die es charakterisieren – bekannte und unbekannte –, mit Buchstaben bezeichnen. Natürlich ist dies praktisch nicht möglich, da an jedem physikalischen Phänomen eine enorme Anzahl von Teilchen beteiligt ist. Im Prinzip unterscheidet sich die Situation in der Physik jedoch nicht von der in der Algebra oder analytischen Geometrie. Der zweite Schritt der analytischen Methode besteht darin, die Gleichungen aufzuschreiben, die die bekannten mit den unbekannten Größen verknüpfen. Auch hier sollte es für jede einzelne Kollision jedes Teilchenpaars der ausgedehnten Substanz möglich sein, eine Gleichung aufzustellen, die – gemäß Descartes' Kollisionsregeln – die Übertragung einer bestimmten Bewegungsmenge von einem Teilchen auf das andere beschreibt. Es handelt sich um lineare algebraische Gleichungen; das einzige Problem ist, dass es für jedes Stück ausgedehnter Substanz Millionen davon gibt.

Somit unterscheidet sich die Situation in der Physik grundsätzlich nicht von der in der Algebra oder analytischen Geometrie. In der analytischen Geometrie haben wir für eine gegebene Kurve nur eine Gleichung, müssen aber unendlich viele

Werte einer Variablen einsetzen, um die einzelnen Punkte der Kurve zu erhalten: Schon in der analytischen Geometrie ist das Problem, eine Kurve zu zeichnen, praktisch unlösbar (außer bei Kurven, für deren Konstruktion wir eine mechanische Vorrichtung besitzen). Akzeptieren wir diese Sichtweise als Annäherung an Descartes' Verständnis der physikalischen Situation, so erhält seine Behauptung, seine Physik sei mathematisch, eine klare und präzise Bedeutung. Descartes' Physik ist mathematisch, auch wenn wir nicht die Sprache der Mathematik zu ihrer Beschreibung verwenden können.[18] Sie ist in *ontologischem Sinne* mathematisch: Ihre Teilchen bestehen aus geometrischer Substanz, und ihre Kollisionen werden durch algebraische Gleichungen bestimmt. Wir können diese Gesetze wegen ihrer enormen Anzahl nicht aufschreiben, daher lässt sich Descartes' Physik nicht in der Sprache der Mathematik ausdrücken. Dennoch handelt es sich um eine mathematische Physik.

Wie Sophie Roux schreibt: „Folglich wird die Mathematik in den *Regulae* symbolisch verwendet, eine Verwendung, die keine ontologische Reform der Physik nach sich zieht. Zwischen dem späten zwanzigsten und dem frühen dreißigsten Lebensjahr beschloss Descartes jedoch, die Naturphilosophie vollständig zu reformieren. Wie in den *Regulae* bestand das Problem für ihn darin, die Physik sicher zu machen. … Die Physik sicher zu machen, bedeutet, so fährt er fort, die Mathematik in die Physik einzuführen oder die Physik auf die Geometrie zu reduzieren, indem man neben der üblichen abstrakten Geometrie eine Geometrie pflegt, die sich mit Naturphänomenen befasst. … Descartes bezieht sich hier nicht auf die Einführung mathematischer Proportionen oder auf eine Art von Argumentation *more geometrico,* deren formale Verfahren blind die Gewissheit des Ergebnisses garantieren und den Gebrauch von Abstraktion und Symbolisierung implizieren, wie es in den *Regulae* der Fall war. Vielmehr fordert er das Entstehen einer tragfähigen Ontologie. … In einer solchen Situation wäre der Gegenstand der Physik im Wesentlichen derselbe wie der Gegenstand der Mathematik, nämlich Materie oder Ausdehnung, unbegrenzt ausgedehnt und immer gleich, wenn auch in einer Vielzahl von Formen, Größen und Bewegungen differenziert. … Nach dieser Lehre sind selbst mathematische Wahrheiten von Gott festgelegte Naturgesetze. Das läuft darauf hinaus, jeglichen Unterschied zwischen dem Gegenstand der Physik und dem der Mathematik sowie zwischen ihren jeweiligen Gewissheitsgraden zu leugnen" (Roux 2004, S. 30–31).

Nirgends formuliert Descartes genaue Regeln, die erklären würden, wie Phänomene wie Licht, Farbe oder Wärme auf Ausdehnung und Bewegung zurückgeführt werden. Das einzige Beispiel einer solchen Reduktion ist die Reduktion der Schwerkraft auf die Bewegung eines Wirbels feiner Materie, die sich anhand der vier Regeln seiner epistemischen Methode rekonstruieren lässt, die wir zu Beginn dieses Kapitels zitiert haben. In Übereinstimmung mit der ersten Regel erkennt

[18] Das bedeutet, dass der galileische Ansatz der Mathematisierung scheitert. Es übersteigt die menschlichen Fähigkeiten, physikalische Prozesse mit der *Sprache* der Mathematik zu beschreiben.

Descartes die Schwerkraft nicht als wahre Ursache der Beschleunigung des freien Falls an, was das Problem ihrer Erklärung aufwirft. Gemäß der zweiten Regel zerlegt er das Problem der Erklärung der beschleunigten Bewegung in die Suche nach der Ursache der Beschleunigung, die Bestimmung ihrer Eigenschaften und die Entdeckung ihrer Wirkungsweise. Da fallende Körper mit Beschleunigung fallen, muss sie etwas beschleunigen, andernfalls würden sie sich gleichförmig geradlinig bewegen. Da nach Descartes die einzige Art der Wechselwirkung zwischen Körpern der Kontakt ist, bei dem eine bestimmte Bewegungsquantität von einem Körper auf einen anderen übertragen wird, bedeutet dies, dass der fallende Körper, indem er beschleunigt wird, Bewegung von dem oder den Körpern erhält, die ihn beschleunigen. Die beschleunigenden Körper müssen sich also selbst in Bewegung befinden. Daher muss es in der Nähe der Erde bewegte Körper geben, die einen Teil ihrer Bewegung auf den fallenden Körper übertragen. Das bedeutet, dass wir die Existenz unsichtbarer Körper postulieren müssen, die die Beschleunigung verursachen, womit das erste Problem, die Ursache zu finden, gelöst ist.

Wir können zum zweiten Problem übergehen, nämlich die Eigenschaften dieser Körper zu bestimmen. Da die Beschleunigung des freien Falls sowohl Rotations- als auch Radialsymmetrie aufweist, muss auch die Bewegung der beschleunigenden Körper, die die Beschleunigung verursachen, eine solche Symmetrie zeigen. Eine radiale Bewegung dieser Körper scheidet wegen des Problems ihrer Ansammlung nahe der Erdoberfläche aus. Daher muss die Bewegung der beschleunigenden Körper kreisförmig sein, sodass die unsichtbaren Körper in der Nähe der Erde einen Wirbel bilden. Damit ist das zweite Problem beantwortet.[19]

Wir kommen zum dritten Problem – der Erklärung des Mechanismus, durch den ein Wirbel feiner Materie den fallenden Körper beschleunigt. Descartes hat bereits gezeigt, dass eine Kreisbewegung eine Zentrifugaltendenz erzeugt, die umso größer ist, je schneller die Kreisbewegung und je größer der umlaufende Körper ist. Daher muss der Wirbel feiner Materie die Erde mit einer höheren Geschwindigkeit umkreisen als die Körper auf der Erdoberfläche um ihr Zentrum rotieren, sodass der Wirbel eine größere Zentrifugaltendenz besitzt und die anderen Körper zur Erde hin zusammendrücken kann. Damit sind wir gemäß der dritten Regel von den einfacheren zu den komplexeren Problemen übergegangen, und indem wir festgestellt haben, dass die Geschwindigkeit des Wirbels größer sein muss als die Rotationsgeschwindigkeit der Erde, kann die Beschleunigung des freien Falls als mechanisch verursacht gelten.

[19] Diese Herleitung zeigt, dass der Wirbel feiner Materie kein holistisches Erklärungsprinzip ist. Wir haben ihn aus *mathematischen Prinzipien* (dem Prinzip, dass jede Wirkung durch Kontakt erfolgt, und dem Gesetz der Erhaltung der Bewegungsquantität) abgeleitet. Daher ist die Wirbeltheorie der Schwerkraft eine *mathematische Theorie,* genau wie Newtons Gravitationstheorie. Das einzige Problem ist, dass Descartes' Annahme, jede Wirkung müsse durch Kontakt erfolgen, nicht zutrifft. Somit ist Descartes' Einführung des Wirbels feiner Materie eine korrekte mathematische Ableitung, ebenso wie Newtons Einführung der Anziehungskräfte. Sie beruht jedoch auf der fehlerhaften Annahme, dass jede Wechselwirkung durch Kontakt erfolgen muss.

Obwohl auf den ersten Blick Descartes' Modell des Wirbels feiner Materie als Erklärung der Schwerkraft ad hoc erscheinen mag, ist es praktisch die einzige mögliche Interpretation der Schwerkraft, die mit dem Prinzip übereinstimmt, dass jede Wirkung durch mechanischen Kontakt erfolgt und Wechselwirkung im Transfer einer Bewegungsmenge besteht. Ich räume ein, dass dieses Modell einen gewissen Realitätsverlust erleidet – es sagt nichts Bestimmtes über Richtung, Geschwindigkeit oder andere Parameter des Wirbels aus. Doch betrifft dieses Problem nicht nur dieses spezielle Modell, sondern die kartesische Physik insgesamt.[20] Dennoch ist es sicherlich ungerecht, die Wirbeltheorie als inhaltslos zu bezeichnen, wie Schuster Descartes' Modelle der Stufe II charakterisiert (siehe Abschn. 1.2). Im Gegenteil, die Wirbeltheorie fließt in die Erklärungen anderer Phänomene ein, etwa Licht, die Entstehung und das Erlöschen von Sternen sowie die Bewegung der Kometen. Descartes' Ausführungen wurden in der Regel weder irrelevant für das jeweils analysierte Problem noch waren sie von neuen empirischen Erkenntnissen isoliert. Immerhin unternahm die französische Akademie eine Expedition zur Messung der Abplattung der Erde, weil die kartesische Theorie eine ovale Erde vorhersagte (da sie die Erde durch den Wirbel feiner Materie am Äquator zusammengedrückt sieht), während die newtonsche Theorie eine elliptische Form prognostizierte (da sie die Erde am Äquator durch eine Zentrifugalkraft verformt sieht). Die Expedition bestätigte die Vorhersage der newtonschen Theorie, doch allein die Existenz dieses empirischen Tests zeigt, dass Descartes' Theorie keineswegs irrelevant oder von empirischen Erkenntnissen isoliert war. Sie war einfach falsch, wie empirische Theorien es manchmal sind.

[20] Die kartesische Physik beschreibt Wechselwirkung als Kollision, also als *singuläres Ereignis*, das in einem Augenblick stattfindet. Einige Größen (Geschwindigkeit) sind in diesem Moment unstetig, während andere (Kraft, Beschleunigung) unendliche Werte annehmen. Daher ist es schwierig, die beobachteten Werte mit den Werten des Modells in Beziehung zu setzen.

Kapitel 5
Was ist mathematische Physik?

Wir betrachten die Antwort auf diese Frage als das zentrale Problem der Interpretation von Descartes' wissenschaftlichem Werk. Schuster erklärte Descartes' Physik aufgrund ihres verbalen Charakters zur Naturphilosophie und interpretierte die Tatsache, dass Descartes sie zu entwickeln versuchte, als Folge des Scheiterns des Projekts einer universellen Mathematik. Wegen ihres diskursiven Charakters schloss er somit Descartes' Physik aus der Tradition der mathematischen Physik aus, die er mit Galileo und Newton verbindet. Die gleiche Einschätzung findet sich bei Daniel Garber: „Aber trotz all dem und trotz seines Prahlens scheint es, dass Descartes es nie geschafft hat, diese beiden Bereiche [Physik und Mathematik] zusammenzuführen. Im radikalen Gegensatz zu seinem etwa gleichzeitigen Galileo zum Beispiel ist Descartes' ausgereifte Physik fast vollständig qualitativ. … Aber in *Le Monde* und den späteren *Principia* findet sich kaum eine Rechnung, eine Gleichung oder eine geometrische Demonstration" (Garber 2000, S. 113 und 114).

Diese Einschätzung von Descartes' Physik ist falsch, und der Grund für diesen Irrtum liegt in der Unschärfe des Begriffs der mathematischen Physik. Galileis Physik, der eine Beschreibung der Wechselwirkung völlig fehlt, die den Körpern eine natürliche Tendenz zur Beschleunigung im freien Fall zuschreibt und die Kreisbewegung als Trägheitsbewegung betrachtet, erklärt Garber ohne Zögern zur mathematischen Physik. Dagegen verweigert er Descartes diesen Status. Doch gerade Descartes war es, der den Begriff der Wechselwirkung (durch Kontakt) in die Physik einführte, der klar erkannte, dass die Beschleunigung fallender Körper das Ergebnis von Wechselwirkungen sein muss, und der nur die gleichförmige geradlinige Bewegung als träge betrachtete und damit die Defizite der galileischen Physik in mehreren Punkten korrigierte; vielmehr ist es Galileis Physik, die keine mathematische Physik ist, und die Tatsache, dass wir sie immer noch als solche verstehen, ist eine Folge der Unschärfe unseres Begriffs der mathematischen Physik.

Wir neigen dazu, die Bedeutung des Adjektivs „mathematisch" in der Wendung „mathematische Physik" mit seiner galileischen Auslegung gleichzusetzen, d. h. mit der Verwendung mathematischer Ausdrücke als „Buchstaben, mit denen das Buch der Natur geschrieben ist". Wir halten einen Text für mathematisch, wenn er eine ausreichende Menge an Zahlen, geometrischen Figuren und algebraischen

L. Kvasz, *Descartes über Mathematik, Methode und Bewegung*,
https://doi.org/10.1007/978-3-032-04684-0_5

Ausdrücken enthält.[1] Nach diesem Verständnis ist Descartes' System der Naturphilosophie nicht mathematisch, und die meisten Wissenschaftshistoriker und -philosophen ziehen es nicht einmal in Betracht, dass es mathematisch sein könnte. Doch Descartes war einer der einflussreichsten Mathematiker aller Zeiten, und daher ist es vielleicht nicht die beste Wahl, bei der Interpretation seines Werks die geläufige Bedeutung des Adjektivs „mathematisch" zugrunde zu legen.

Abgesehen von der geläufigen und im Hinblick auf Descartes' Werk sicherlich unzureichenden Bedeutung sind auch andere Interpretationen des Adjektivs „mathematisch" möglich. Man kann ihm einen tieferen ontologischen Sinn geben, dem zufolge eine Theorie dann mathematisch ist, wenn die von ihr beschriebene Realität einen mathematischen Charakter hat, das heißt, wenn die von ihr beschriebenen Entitäten mathematische Entitäten sind und die Beziehungen zwischen ihnen mathematische Beziehungen, unabhängig von der Sprache, die die Theorie zur Beschreibung dieser Entitäten und Beziehungen verwendet. In diesem ontologischen Sinn ist Descartes' Physik durch und durch mathematisch. Ihre Entitäten sind mathematische Entitäten. Es sind geometrische Körper, ausgestattet mit Trägheitsbewegung. Diese Entitäten treten in Beziehungen, die mathematische Beziehungen sind, wie etwa das Gesetz der Erhaltung der Bewegungsquantität oder die Regeln zur Beschreibung von Stößen. Es macht keinen Unterschied, ob wir diese mathematische Realität mit gewöhnlicher Sprache beschreiben, wie Descartes, oder mit mathematischer Sprache, wie Newton.[2] Das ändert nichts an der Tatsache, dass das von Descartes' Physik beschriebene System im ontologischen Sinn des Wortes „mathematisch" mathematisch ist.

Auf die Unschärfe des Begriffs der mathematischen Physik wird in der Einleitung zu einer Aufsatzsammlung zur Naturphilosophie von Descartes hingewiesen, wo es heißt: „Garber argumentiert jedoch, dass Descartes' Korrespondenz, insbesondere sein Briefwechsel mit Mersenne, ein ganz anderes Bild zeigt … wobei Descartes sich als äußerst versiert im galileischen Programm einer Physik der schweren Körper erweist. Garber konzentriert sich auf Descartes'

[1] Diese Anforderung ist nur notwendig, nicht hinreichend. Astrologische Texte sind zum Beispiel oft voller Zahlen, aber wir würden sie vermutlich eher als pseudomathematisch denn als wirklich mathematisch bezeichnen.

[2] Newtons System ist in beiden oben genannten Bedeutungen des Wortes „mathematisch" mathematisch, und das ist irreführend, weil es uns nicht dazu zwingt, zu erkennen, dass es neben einer mathematischen Sprache auch im ontologischen Sinn mathematisch ist. Wenn wir nur die geläufige Bedeutung des Wortes „mathematisch" verwenden und sagen, dass Newtons System mathematisch ist, scheint es, als hätten wir die newtonsche Physik charakterisiert, aber das ist nur scheinbar so: Tatsächlich haben wir nur einen Teil davon charakterisiert. Newton schuf eine Sprache, die es ermöglichte, die beiden Bedeutungen (die geläufige und die ontologische) des Wortes „mathematisch" miteinander zu verknüpfen, und zwar auf mathematische Weise. So ist Newtons System *dreifach mathematisch:* Es verwendet eine mathematische Beschreibung der Phänomene (wie Galileo), es hat eine mathematische Ontologie (wie Descartes), und es besitzt eine mathematische Verbindung zwischen der Beschreibung der Phänomene und der Ontologie (in Form des Gesetzes der universellen Gravitation, das Kräfte als Funktionen der Positionen der wechselwirkenden Körper ausdrückt).

Teilnahme an der geostatischen Debatte und seine faktische Mitautorschaft mit Mersenne an den *Cogitata Physico Mathematica* (1644). Descartes bestand jedoch darauf, dass sein Name nicht im Druck erscheinen sollte, und das wirft für Garber die Frage auf, warum Descartes seine Arbeit in der mathematischen Physik verbergen wollte. Die Erklärung, so Garber, liegt darin, dass man, um die Art mathematischer Physik zu betreiben, wie sie Galileo praktizierte, bestimmte Annahmen über die natürliche Tendenz der Körper machen musste, mit gleichmäßiger Beschleunigung zum Erdmittelpunkt zu fallen. Descartes hielt diese Annahmen schlichtweg für unbegründet. Mit diesen Annahmen war Descartes in der Lage, Physik im galileischen Stil mit großer Eleganz zu betreiben, aber für ihn war dies nur ein mathematisches Spiel, keine ernsthafte Naturphilosophie. ... Warum also veröffentlichte Descartes nicht seine eigene mathematische Physik? Ein Teil des Grundes lag in der Komplexität des Verhaltens gewöhnlicher Körper in Descartes' Wirbelphysik. Aber, so Garber, glaubte Descartes auch, dass eine vollständige mathematische Darstellung gewöhnlicher Körper empirische Belege erfordere, die ihm schlichtweg fehlten. Um zum Beispiel die wahren Gesetze zu verstehen, denen Körper im freien Fall gehorchen, müsse man wissen, wie sie sich über längere Zeiträume verhalten, wenn sie größere Distanzen zurücklegen, als er oder irgendjemand sonst beobachtet hatte“ (Gaukroger et al. 2000, S. 8 und 9).

Ich habe diesen Text *in extenso* zitiert, weil er in seiner Komplexität das Problem der Interpretation von Descartes' Physik deutlich macht. Drei Punkte in Garbers Text sind hier relevant. (1) Weder Garber noch die Herausgeber (Gaukroger, Schuster und Sutton) haben hinterfragt, ob Descartes' Ansichten wahr sind oder nicht. Sie müssten zu dem Schluss kommen, dass Descartes völlig recht hatte. Die galileische Tendenz der Körper, frei zum Erdmittelpunkt zu fallen, ist tatsächlich physikalisch verfehlt. Ihr Fall ist keine Manifestation einer natürlichen Tendenz, sondern von Wechselwirkung. Die Bewegung der Körper in der Luft ist tatsächlich äußerst komplex, wie die Dutzenden von Fotografien im wunderbaren Buch *An Album of Fluid Motion* (van Dyke 1982) zeigen. Die beschleunigte Bewegung fallender Körper ist ein Übergangsphänomen. Aufgrund des Luftwiderstands, der mit dem Quadrat der Geschwindigkeit des fallenden Körpers zunimmt, stellt sich schließlich eine konstante Geschwindigkeit ein, die für einen normalen Menschen (zum Beispiel einen Fallschirmspringer vor dem Öffnen des Schirms) etwa 180 km/h beträgt, was einem Fall aus 200 m Höhe entspricht.[3] Descartes hat also die physikalische Seite der Dinge richtig erkannt, im Gegensatz zu Galileo, der noch unter dem Einfluss der aristotelischen Vorstellung von der natürlichen Tendenz schwerer Körper stand, sich zum Mittelpunkt des Universums zu bewegen. Dennoch gilt Galileo als Mitbegründer der mathematischen Physik, während Descartes' physikalisch korrekte Theorie nur als eine Entwicklungsstufe der Naturphilosophie betrachtet wird, die in weniger als zwei Jahrhunderten endgültig von der geistigen Landkarte verschwinden wird. (2) Sowohl Garber als auch die

[3] In Štoll et al. (2017, S. 98) wird die Formel für die Endgeschwindigkeit des freien Falls in einem widerstehenden Medium angegeben.

Herausgeber erkennen Descartes' mathematische Überlegenheit an, die ihn dazu prädestinierte, Physik im galileischen Stil mit großer Eleganz zu betreiben, und sie fragen sogar, warum Descartes seine Mitautorschaft an Mersennes Buch geheim halten und warum er seine eigene mathematische Physik nicht veröffentlichen wollte. (3) Es ist jedoch weder Garber noch seinen Herausgebern in den Sinn gekommen, dass Descartes' *mathematische Physik* seit dem Jahr der Veröffentlichung von Descartes' *Le Monde*, also seit 1664, vor unseren Augen liegt. Um eine wirkliche mathematische Physik in Descartes' Theorie zu erkennen, müssen wir zunächst klären, was mathematische Physik ist.

Warum braucht die Physik also die Mathematik? Die gängige Ansicht ist, dass die Mathematik eine Sprache ist, die es uns erlaubt, die Gesetze der Physik präzise und knapp zu formulieren. Doch diese Antwort ist nicht zufriedenstellend. Präzision lässt sich auch mit Worten erreichen; zudem kann Kürze nicht so entscheidend sein. Newtons drei Gesetze in den *Principia* sind schließlich in gewöhnlicher Sprache formuliert. Meiner Ansicht nach ist die mathematische Sprache für die Physik wichtig, weil sie die Einführung von drei Arten von Synthese ermöglicht – *relationale Synthese, kompositorische Synthese* und *deduktive Synthese.* Ihre kurze Charakterisierung ist wie folgt:

Relationale Synthese bezeichnet die Fähigkeit der Sprache, zwei oder mehr Aspekte der Realität in eine sinnvolle Beziehung zu setzen. In der euklidischen Geometrie hat die relationale Synthese die Form von Proportionen. ***Physikalische relationale Synthese*** bedeutet, dass die Sprache die Einführung von Beziehungen zwischen Größen erlaubt, die durch Messung gewonnen werden, Beziehungen, die der gewöhnlichen Erfahrung unzugänglich sind und für deren Ausdruck in der Regel algebraische Formeln verwendet werden.

Kompositorische Synthese bezeichnet die Fähigkeit der Sprache, komplexe Systeme aus einfachen Komponenten zusammenzusetzen. In der euklidischen Geometrie hat die kompositionelle Synthese die Form einer Konstruktion mit Zirkel und Lineal. ***Physikalische kompositorische Synthese*** bedeutet, dass die Sprache es erlaubt, die Bewegungen von Objekten zu einem gemeinsamen dynamischen System zu kombinieren, und sie äußert sich meist in der Einführung des Begriffs des Zustands des dynamischen Systems als Repräsentation dieser Einheit.

Deduktive Synthese bezeichnet die Fähigkeit der Sprache, die Konsequenzen der dargestellten Sachverhalte abzuleiten. In der euklidischen Geometrie hat die deduktive Synthese die Form logischer Folgerungen. ***Physikalische deduktive Synthese*** bedeutet, dass die Sprache es erlaubt, die zeitliche Entwicklung der Zustände zu beschreiben, und dies wird in der Regel durch eine Differentialgleichung ausgedrückt.

Weder Kepler noch Galileo noch Descartes (vor 1628) verfügten über mathematische Physik im Sinne dieser drei Arten von Synthese. Kepler und Galileo entdeckten die ersten Gesetze, die die für die mathematische Physik charakteristische relationale Synthese zeigen. Galileis Fallgesetz, dem zufolge der vom fallenden Körper zurückgelegte Weg s proportional zum Quadrat der Zeit t ist, also $s \sim t^2$, manifestiert eine relationale Synthese dieser Art. Es verbindet zwei durch Messung gewonnene Aspekte der Realität (Zeit und Strecke) auf eine Weise, die der gewöhnlichen Erfahrung unzugänglich ist, d. h. wir können das Quadrat der Zeit nicht erleben, im Gegensatz zum Quadrat der Strecke, das wir als Fläche wahrnehmen. Ebenso ist die kompositorische und deduktive Synthese von Descartes' physiko-mathematischer Theorie, der Schuster physikalische Bedeutung zuschreiben möchte, mathematisch (d. h. nicht-physikalisch). Sie beschreibt nicht den Zustand eines dynamischen Systems als Zusammensetzung der Zustände der einzelnen Körper, sondern die Konstruktion einer mathematischen Struktur, und sie verfolgt nicht die zeitliche Entwicklung des Zustands, sondern die logischen Konsequenzen dieser Struktur.

Nur in *Le Monde* und den *Principia Philosophiae* befassen wir uns mit Theorien, die auf einer kompositorischen und, in gewissem Maße, auch auf einer deduktiven Synthese physikalischer Art beruhen. Dort wird die kompositorische Synthese durch den Wirbel der feinen Materie vermittelt, der alle Körper zu einem gemeinsamen dynamischen System vereint, und die deduktive Synthese wird durch die Regeln beschrieben, die Kollisionen charakterisieren. Diese Regeln stellen den Zustand der Teilchen vor der Kollision mit ihren Zustand nach der Kollision in Beziehung und ermöglichen es so, aus der Kenntnis des Zustands vor der Kollision den Zustand nach der Kollision abzuleiten. Es ist unerheblich, dass einige dieser Regeln falsch sind. Dennoch begegnen wir in Descartes' Theorie vielleicht der ersten Vorstellung von Bewegung, die eine physikalische kompositorische und deduktive Synthese besitzt. Das Gesetz, das in Descartes' Physik den Zustand eines Systems von Körpern vor der Kollision mit dem Zustand nach der Kollision verknüpft, ist eine algebraische Gleichung – das Gesetz der Erhaltung der Bewegungsquantität.

Daher kann Descartes' Theorie aus *Le Monde* und den *Principles* als mathematische Physik bezeichnet werden. Es handelt sich um *Physik* und weder um eine Mischdisziplin noch um eine Art Naturphilosophie, da sie eine physikalische kompositorische und deduktive Synthese besitzt. Darüber hinaus ist es *mathematische* Physik, weil ihre kompositorische und deduktive Synthese mittels Mathematik ausgedrückt wird. Schuster irrt, wenn er behauptet, Descartes' Physiko-Mathematik sei eine physikalische Theorie gewesen. Descartes' Physiko-Mathematik besaß keine physikalische, sondern eine mathematische kompositorische und deduktive Synthese. Ebenso irrt er, wenn er Descartes' reifes Werk als ein System diskursiver Naturphilosophie betrachtet. Die kompositorische und deduktive Synthese von Descartes' reifem Werk ist nicht diskursiv, sondern lediglich eine diskursiv dargestellte physikalische kompositorische und deduktive Synthese.

5.1 Physik mit mathematisch ausgedrückter physikalischer relationaler Synthese

Eine erste Antwort auf die Frage *Was ist mathematische Physik?* lautet, dass es sich um Physik handelt, die die Naturgesetze in der Sprache der Mathematik ausdrückt. Befürworter dieser Antwort betrachten Galileos *Discorsi e Dimonstrazioni Matematiche, intorno a Due Nuove Scienze; Attenenti alla Mecanica i Movimenti Locali* (Galilei 1638) als Meilenstein auf dem Weg zur mathematischen Physik. Folgende Worte können als Ausdruck ihrer Position angesehen werden: „Die Philosophie ist in diesem großartigen Buch geschrieben, dem Universum, das uns ständig offen vor Augen steht. Doch das Buch kann nicht verstanden werden, wenn man nicht zuerst die Sprache erlernt und die Buchstaben liest, in denen es geschrieben ist. Es ist in der Sprache der Mathematik geschrieben, und seine Zeichen sind Dreiecke, Kreise und andere geometrische Figuren, ohne die es dem Menschen unmöglich ist, auch nur ein einziges Wort davon zu verstehen; ohne sie irrt man in einem dunklen Labyrinth umher“ (Galilei 1623, S. 237–238).

Doch schon ein flüchtiger Blick in Lehrbücher der mathematischen Physik, wie Arnold Sommerfelds sechsbändige *Vorlesungen über theoretische Physik* (Sommerfeld 1944–1947), Lew Davidowitsch Landau und Jewgeni Michailowitsch Lifschitz' zehnbändige *Course of Theoretical Physics* (Landau und Lifschitz 1976–Lifschitz und Pitajewski 1981) sowie Walter Thirrings vierbändiges *Lehrbuch der Mathematischen Physik* (Thirring 1988–1998), zeigt, dass das Buch der Natur nicht mit Dreiecken, Kreisen und anderen geometrischen Figuren geschrieben ist, also nicht mittels *mathesis vulgaris,* sondern mit Variablen, Funktionen und Differentialgleichungen, also mittels *mathesis universalis.*[4]

Die erste Art der Synthese, die die mathematische Physik kennzeichnet, ist die *relationale Synthese*, also die Fähigkeit, eine Verbindung zwischen verschiedenen Aspekten eines Phänomens herzustellen. Als Beispiel für relationale Synthese kann man Galileos Fallgesetz in der Form $s=\frac{1}{2}\, g\,.\,t^2$ heranziehen. Das Entscheidende an diesem Gesetz ist nicht, dass es in der Sprache der Mathematik ausgedrückt ist; wir könnten Galileos Fallgesetz auch in Worten formulieren. Wichtig ist, dass die Länge der Bahn s mit dem Quadrat der Zeit t verknüpft ist. Das *Quadrat der Zeit* kommt weder in der Alltagserfahrung noch in der gewöhnlichen Sprache vor. Wir verwenden keine Quadratsekunden (im Gegensatz zu Quadratmetern). Das ist der „Mehrwert“ der mathematischen Sprache, ihre Fähigkeit,

[4] Ich bevorzuge diese komplizierte Formulierung der Untertitel, um deutlich zu machen, dass die Synthese physikalisch ist, also zur Beschreibung physikalischer Systeme dient. Die Mathematik ist lediglich ein Werkzeug, das in der Lage ist, diese Synthese auszudrücken. Die Mathematik selbst besitzt ihre eigene relationale, kompositorische und deduktive Synthese (wie oben ausgeführt).

Beziehungen auszudrücken, für die wir weder Erfahrung, noch Vorstellung, noch einen geeigneten Begriff besitzen. Wenn wir ein Phänomen quantifizieren, stellt die mathematische Sprache zu jeder gemessenen Größe automatisch ihre zweite, dritte, vierte ... Potenz, ihre zweite, dritte, vierte ... Wurzel, ebenso wie ihren Logarithmus, Sinus, Kosinus ... Die Bandbreite der Größen, zwischen denen wir nach Beziehungen suchen können, wird dadurch erheblich erweitert. Die mathematische Sprache ermöglicht es, verschiedene Potenzen von Parametern, die bestimmte Aspekte der Phänomene ausdrücken, in funktionale Beziehungen zu setzen und so neue Möglichkeiten zur Verknüpfung dieser Aspekte zu schaffen.

Die Mathematik ist nicht so sehr notwendig, um Galileos Gesetz *auszudrücken,* sondern vielmehr, um das Quadrat der Zeit zu konstruieren – denn was ist das Quadrat der Zeit? Was sind zehn Quadratsekunden oder zwanzig Kubikminuten? Wenn wir in der Messung gewonnene Größen in den mathematischen Apparat einführen, ermöglicht dieser, Beziehungen zwischen Größen zu finden, die wir mit der gewöhnlichen Sprache überhaupt nicht hätten entdecken können. Wahrscheinlich meinte Galileo genau dies, als er schrieb, das Buch der Natur sei in der Sprache der Mathematik geschrieben. Es geht hier nicht um *Kürze oder Präzision des Ausdrucks,* wie die Rolle der mathematischen Sprache gemeinhin verstanden wird, sondern um die *relationale Synthese,* also darum, dass die mathematische Sprache viel mehr Beziehungen zwischen verschiedenen Aspekten eines Phänomens zu finden vermag als die gewöhnliche Sprache. Als ich Galileo kritisierte, meinte ich nicht, dass das, was er sagte, nicht zutrifft. *Galileo ist der Schöpfer der relationalen Synthese der physikalischen Sprache* sowie der Idee, dass diese Synthese durch Mathematik erfasst werden muss. Ich wollte lediglich darauf hinweisen, dass er dies nicht radikal genug formulierte, als er die Mathematik, die die relationale Synthese der physikalischen Sprache bildet, mit der *mathesis vulgaris* gleichsetzte. Descartes eröffnete durch die Hinwendung zur *mathesis universalis* neue Möglichkeiten, das Buch der Natur zu lesen.

Es bleibt jedoch ein Rätsel, warum ein Mann von Descartes' mathematischer Qualität eine Tradition entwickelte, die bereits ein oder zwei Generationen später von der mathematischen Physik abgelöst werden sollte. Hätte er es gewollt, hätte er sich Galileos Projekt des Aufbaus einer mathematischen Physik anschließen können. Wir dürfen nicht vergessen, dass Descartes technisch ein weit besserer Mathematiker war als Galileo. Dass er sich an diesem Projekt nicht beteiligte, wird traditionell als sein Fehler angesehen. Doch die Frage, warum einer der größten Mathematiker des siebzehnten Jahrhunderts sich weigerte, an der Entwicklung der galileischen mathematischen Physik mitzuwirken und stattdessen etwas entwickelte, das auf den ersten Blick wie eine diskursive Naturphilosophie erscheint, bleibt unbeantwortet. Wie bereits dargelegt, besteht das Hindernis, *Le Monde* als Anwendung von Descartes' Methode (als die er es selbst bezeichnete) und als Ergebnis seiner *mathesis universalis* (wie er ebenfalls behauptete) zu verstehen, und zwingt uns, diese Behauptungen Descartes' als Selbsttäuschung oder gar als Bluff zu interpretieren, im Mangel an Klarheit darüber, was mathematische Physik ist. Wir müssen uns daher diese Frage erneut stellen.

5.2 Physik mit mathematisch ausgedrückter physikalischer kompositorischer Synthese

Die zweite Art der Synthese ist die kompositorische Synthese. Um zu verstehen, was kompositorische Synthese ist, müssen wir uns der galileischen Physik zuwenden. Galileo scheint stets nur die Bewegung eines einzelnen Körpers beschrieben zu haben. Ob es sich um den freien Fall, den Wurf, die Bewegung eines Pendels oder die Bewegung auf einer schiefen Ebene handelte – dies waren die Hauptsysteme, die Galileo untersuchte –, in jedem dieser Fälle bewegte sich nur ein einziger Körper. Was der galileischen Physik zu fehlen scheint, ist die Fähigkeit, mehrere Körper zu einem einheitlichen dynamischen System zu verbinden und die Bewegung dieses Systems als Ganzes zu beschreiben. Ich schlage vor, die Fähigkeit, die Bewegung mehrerer Körper zu einer einzigen Dynamik zu vereinen, als *kompositorische Synthese der Sprache der Physik* zu bezeichnen. In der newtonschen Physik bildet beispielsweise das Sonnensystem ein dynamisches System, und die newtonsche Physik untersucht, wie die Bewegung eines bestimmten Körpers die Bewegung der anderen beeinflusst. Im Gegensatz dazu beschrieb Galileo die Bewegung der Körper des Sonnensystems jeweils isoliert, unabhängig von der Bewegung der anderen. Allenfalls beschrieb er die sich verändernden Konfigurationen der Körper zu verschiedenen Zeitpunkten (wie im Fall der Jupitermonde), doch bei der Beschreibung ihrer Bewegung behandelte er die Bewegung jedes Körpers getrennt.[5] Die Art von Gesetzen, die es in der newtonschen Physik ermöglichen, die Bewegungen verschiedener Planeten zu einem gemeinsamen dynamischen System zu verknüpfen – nämlich das Gesetz der universellen Gravitation und das Gesetz von Actio und Reactio –, fehlen in der galileischen Physik.

Die Sprache der Mathematik ist ein ideales Mittel, um die Bewegungen mehrerer Körper zu einem dynamischen System zu vereinen. Sie ist ein Werkzeug, das die Einführung der kompositorischen Synthese in die Sprache der Physik ermöglicht. Das heißt, es sind nicht nur die Buchstaben, mit denen das Buch der Natur geschrieben ist (wie t^2), sondern auch die Regeln der Syntax, die es uns erlauben, auszudrücken, dass eine Größe eine Funktion anderer Größen ist. Diese Regeln ermöglichen es, den Begriff des Zustands eines physikalischen Systems einzuführen und so die Beschreibungen der Bewegungen seiner Teile zu vereinen, was uns das Lesen des Buches der Natur ermöglicht. Meine These ist, dass die kartesische Physik die erste Theorie mit physikalischer kompositorischer Synthese war. Das unterscheidet sie sowohl von der aristotelischen Naturphilosophie als auch von der

[5] Ein erstes Anzeichen für etwas, das einer physikalischen kompositorischen Synthese ähnelt, findet sich in Galileos Diskussion über die Bewegung eines Körpers in der Kabine eines fahrenden Schiffes. Hier werden gewissermaßen zwei Bewegungen kombiniert, doch gerade Galileos Argument ist, dass sie einander nicht beeinflussen. Daher kann dies nicht als Beispiel für ein System aus zwei wechselwirkenden Körpern gelten. Auch wenn Galileo die beiden Bewegungen kombiniert, erfordert diese Kombination nicht den Einsatz eines Werkzeugs zur Darstellung physikalischer kompositorischer Synthese.

galileischen Physik, die beide die Bewegung jedes Körpers unabhängig von der Bewegung der anderen auffassten. Ein aristotelischer Körper strebt seinem natürlichen Ort zu, ebenso wie ein galileisches Projektil seine vorgegebene Bahn unabhängig davon durchläuft, was mit anderen Körpern geschieht. Daher kann man sagen, dass die kompositorische Synthese der aristotelischen und galileischen Bewegungstheorien nicht physikalisch, sondern mathematisch ist. Es handelt sich um die Teilnahme eines Elements an einer gemeinsamen Struktur, nicht um seine Beteiligung an einer gemeinsamen Dynamik.

Der Wirbel der feinen Materie verbindet alle Körper zu einem einheitlichen dynamischen System, sodass die kartesische Physik nicht die Bewegung isolierter Körper, sondern die Bewegung eines dynamischen Systems als Ganzes beschreibt. Der Wirbel der feinen Materie übernimmt zusammen mit dem Gesetz der Erhaltung der Bewegungsquantität in der kartesischen Physik die gleiche Funktion wie das Gesetz der universellen Gravitation und das Gesetz von Actio und Reactio in der newtonschen Physik – sie verbinden die Körper zu einem gemeinsamen dynamischen System. Natürlich ist die kompositorische Synthese in der kartesischen Physik in gewissem Maße qualitativ (insbesondere was den Wirbel der feinen Materie betrifft). Das ist ein Nachteil gegenüber der quantitativen kompositorischen Synthese der newtonschen Physik. Im Vergleich zur galileischen Physik, der jegliche kompositorische Synthese fehlt, ist die qualitative kompositorische Synthese der kartesischen Physik jedoch ein bedeutender Fortschritt. Meiner Ansicht nach ist die kartesische Physik gerade deshalb mathematische Physik, weil sie die Art von Synthese besitzt, die jedes System der mathematischen Physik auszeichnet – die physikalische kompositorische Synthese.

Da die kartesische Physik ein Prinzip der physikalischen kompositorischen Synthese besitzt, stellt sich die Frage, ob dieses Prinzip mathematisch ist. Der Wirbel der feinen Materie erscheint als ein bizarrer metaphysischer Konstrukt. Doch entgegen der Ansicht der logischen Positivisten und ihrer modernen Nachfolger enthalten alle Theorien der mathematischen Physik eine Darstellung der ontologischen Grundlage der physikalischen Realität, und diese ontologische Grundlage ist mathematisch. Eine ontologische Grundlage der physikalischen Realität ist notwendig, um den Begriff des Zustands eines Systems einzuführen.[6]

---

[6] Peter Machamer und James Edward McGuire schrieben in diesem Zusammenhang: „Descartes betrachtet Körper als vollständig geometrischer Natur und von ihrer Vergangenheit isoliert“ (Machamer und McGuire 2009, S. 153). Dies ist eine treffende Charakterisierung eines wichtigen Aspekts des Zustandsbegriffs. Einer der Gründe für die Einführung des Zustandsbegriffs in der Physik ist gerade, das System von seiner Vergangenheit abzuschneiden. Das gesamte zukünftige Verhalten eines Systems wird durch seinen aktuellen Zustand bestimmt, und alle Systeme, die sich im selben Zustand befinden – unabhängig davon, wie sie dorthin gelangt sind –, werden sich in Zukunft gleich verhalten. Das unterscheidet physikalische von biologischen Systemen, die ihre gesamte Geschichte in Form der DNA mit sich tragen. Allerdings fügen Machamer und McGuire unmittelbar nach dem zitierten Satz hinzu, dies „lasse keinen Raum für Gesetze zur Beschreibung ihrer Bewegung“. Dieser Satz ist unverständlich, wenn man bedenkt, dass es gerade der Zustandsbegriff, also das Abschneiden eines Systems von seiner Vergangenheit, ist, der es ermöglicht, Bewegung durch Bewegungsgesetze zu beschreiben. Der Zustand eines Systems

Ein Zustand ist immer der Zustand von etwas, das den ontologischen Status einer Substanz besitzt. Wenn das ontologische Substrat, das den Zustand eines physikalischen Systems trägt, alle seine Attribute scharf und eindeutig besitzt, dann hat das System einen mathematischen Charakter. Ausdehnung und Bewegung, mit denen Descartes physikalische Systeme charakterisierte, können als Vorläufer von Ort und Geschwindigkeit angesehen werden, die in der klassischen Mechanik den Zustand eines Körpers repräsentieren.

Akzeptiert man, dass Ausdehnung und Bewegung die Ontologie eines physikalischen Systems bilden, deren Einführung für die kompositorische Synthese notwendig ist, so ergibt sich ein Bild der kartesischen Physik, in dem die ontologische Deutung der *mathesis universalis,* die Methode der Reduktion und Descartes' Ambitionen in der Physik, wie sie Sophie Roux erwähnt, zusammenpassen. Das ausgedehnte Ding ist ein geometrischer Körper, der zum ontologischen Substrat der physikalischen Bewegungsbeschreibung wird. Descartes beendet damit endgültig die Ära der *proté hylé* oder *prima materia.* Es gibt nichts Unbestimmtes, Unklares, Unsicheres, Mehrdeutiges oder Unerkennbares in der Natur. Die Substanz der Welt ist eine geometrische Substanz, die bestimmt ist: Alle ihre Eigenschaften sind scharf, eindeutig und erkennbar. Die geometrische Substanz steht damit den platonischen mathematischen Objekten nahe, doch im Gegensatz zu diesen ist sie in Bewegung.[7] Nach Descartes ist Bewegung nicht unvereinbar mit Gewissheit und der Schärfe der Attribute. Ein kartesischer Körper ist eine geometrische Substanz in Bewegung. Er ist Gegenstand der *mathesis universalis* (im Sinne von Abschn. 3.3) und daher ist Descartes' Physik mathematische Physik. Sie ist das Ergebnis der Anwendung der Methode der Reduktion. Aufgrund der enormen Komplexität physikalischer Systeme ist es uns nicht möglich, alle Parameter zu „bestimmen" und „die Gleichungen" für Ort und Geschwindigkeit jedes Teils der ausgedehnten Substanz „aufzuschreiben", wie es die analytische Methode (im Sinne von Abschn. 4.1) verlangen würde. Dies ändert jedoch nichts an der Tatsache, dass die Werte, die diese Parameter annehmen, solchen Gleichungen genügen.

liefert mathematisch gesprochen die Anfangsbedingungen der Bewegungsgleichungen. Es ist die Vorgabe der Anfangsbedingungen für die Bewegungsgleichungen, die es ermöglicht, die Bewegung des Systems zu beschreiben. Die Zukunft biologischer Systeme kann nicht durch Bewegungsgesetze beschrieben werden, da solche Gesetze keinen Zugang zu den in der DNA verborgenen Informationen haben, sondern nur zum physikalischen Zustand des Systems.

[7] Hier zeigen sich die Grenzen der antiken Wissenschaft. Die Griechen kannten nur eine exakte Disziplin – die Mathematik –, deren ideale Objekte zeitlos und unveränderlich waren. Daher identifizierten sie Vollkommenheit mit Zeitlosigkeit und Unveränderlichkeit und konnten sich nicht vorstellen, wie etwas Vollkommenes (also Absolutes und Ideales) dem Wandel unterworfen sein könnte. Descartes konnte sich dies vorstellen, und das ist der Schlüssel zu seiner mathematischen Physik (siehe Kvasz 2019).

5.3 Physik mit mathematisch ausgedrückter physikalischer deduktiver Synthese

Die dritte Art der Synthese ist die deduktive Synthese. Sie ermöglicht es, den Zustand eines Körpers zu einem zukünftigen Zeitpunkt aus der Kenntnis seines aktuellen Zustands und der auf ihn wirkenden Kräfte im gegenwärtigen Moment zu bestimmen. Es handelt sich um eine Synthese, weil sie eine Verbindung zwischen den Zuständen des Körpers zu verschiedenen Zeitpunkten herstellt, und es ist eine deduktive Synthese, weil sie es erlaubt, den zukünftigen Zustand des Systems aus der Kenntnis seines gegenwärtigen Zustands *deduktiv* abzuleiten oder zu berechnen. Der galileischen Physik fehlt eine Beschreibung der Wechselwirkung – nach Galileo beschleunigen Körper im freien Fall von selbst, ohne Einwirkung anderer Körper –, daher besitzt sie keine physikalische deduktive Synthese. Sie kann die Folgen der Einwirkung anderer Körper auf den bewegten Körper nicht bestimmen.

So wie der Wirbel der feinen Materie und das Gesetz der Erhaltung der Bewegungsgröße in der kartesischen Physik die Rolle der kompositorischen Synthese hatten, so hatten die Regeln zur Beschreibung von Kollisionen die Rolle der deduktiven Synthese. Descartes' Versuch, Wechselwirkungen als Kollisionen zu beschreiben, ist aus Sicht der newtonschen Dynamik, die Bewegung mittels Differentialgleichungen beschreibt, fehlerhaft. Erstens sind kartesische Kollisionen singulär. Eine Kollision findet nicht während eines infinitesimalen Zeitintervalls dt statt, wie der newtonsche Impuls einer Kraft, sondern zu einem Zeitpunkt, sodass alle wirkenden Kräfte und Änderungsraten aller Größen unendlich groß und damit mathematisch nicht behandelbar sind. Dennoch muss man im Vergleich zur galileischen Physik, der jegliche Beschreibung von Wechselwirkung fehlt, anerkennen, dass die kartesische Beschreibung der Wirkung als Kollision ein entscheidender Schritt in Richtung deduktiver Synthese in der Physik ist.

Kapitel 6
Argumente, die zeigen, dass Descartes' Physik mathematisch ist

Abschließend möchte ich vier Argumente zugunsten der These vorbringen, dass die kartesische Physik eine mathematische Physik war. Einige dieser Argumente stützen sich auf bereits oben dargestelltes Material, dennoch werde ich sie zusammenfassen, damit der Leser jedes einzeln beurteilen kann. Die ersten beiden Argumente sind historischer Natur, die anderen beiden systematischer Art. Ich bin der Überzeugung, dass sie zusammen ein überzeugendes Plädoyer für die Rehabilitierung der kartesischen Physik als mathematische Physik bilden.

Das erste Argument zugunsten der These vom mathematischen Charakter der Physik Descartes' lässt sich auf einen Vergleich mit der Physik Galileis stützen. Betrachtet man die von Galilei beschriebenen mechanischen Systeme, wie den freien Fall, die Bewegung auf einer schiefen Ebene, den Wurf oder die Pendelbewegung, so bewegt sich jeweils nur ein einzelner Körper. Das bedeutet, dass Galileis Mechanik eine kompositorische Synthese fehlte. Galilei war nicht in der Lage, die Bewegung eines Systems aus mehreren Körpern zu beschreiben. Die zweite Besonderheit der galileischen Physik ist, dass sie keinen Begriff der Wechselwirkung enthielt. Das bedeutet, dass der galileischen Physik eine physikalische deduktive Synthese fehlte.[1] Vor dem Hintergrund dieser erkenntnistheoretischen Defizite der galileischen Physik wird deutlich, in welchem Sinne die Physik Descartes' mathematisch ist. Descartes' Physik korrigierte die erkenntnistheoretischen Mängel des galileischen Systems: Descartes fand einen Weg, die kompositorische Synthese in die Physik einzuführen, indem er von der Beschreibung der Bewegung einzelner isolierter Körper zur Beschreibung der Bewegung des physikalischen Systems als Ganzes überging. Auch das Fehlen einer deduktiven Synthese überwand Descartes, als er die erste Theorie der Wechselwirkung in der Geschichte vorlegte, und zwar anhand des Modells des Stoßes. Nach Ansicht der Wissenschaftshistoriker war Galileis Physik eine mathematische

[1] Das soll nicht heißen, dass Galilei in seinen Texten nicht argumentierte. Ich behaupte lediglich, dass seine Argumente die Form einer Abfolge deduktiver Schritte hatten, wie in einem mathematischen Beweis, und nicht die einer Kette von Ursache-Wirkungs-Beziehungen. Mit anderen Worten: Die deduktive Synthese der galileischen Physik war mathematisch und nicht physikalisch.

L. Kvasz, *Descartes über Mathematik, Methode und Bewegung*,
https://doi.org/10.1007/978-3-032-04684-0_6

Physik, sodass die Tatsache, dass Descartes' Physik die *erkenntnistheoretischen Defizite* der galileischen Physik behob, darauf hindeutet, dass auch Descartes' Physik mathematisch war.[2]

Das zweite Argument für den mathematischen Charakter der Physik Descartes' ergibt sich aus dem Vergleich mit der Physik Newtons. Der Titel von Newtons *Philosophiae Naturalis Principia Mathematica* kann als Anspielung auf den Titel von Descartes' *Principia Philosophiae* verstanden werden. Newton stützte sein System auf drei Gesetze, ebenso wie Descartes. Sein Trägheitsgesetz war im Wesentlichen die Vereinigung der ersten beiden Gesetze des kartesischen Systems. Aus dem dritten Gesetz der newtonschen Physik, dem Gesetz von Actio und Reactio, lässt sich das dritte Gesetz des kartesischen Systems, das Gesetz der Erhaltung der Bewegungsquantität, ableiten.[3] Zwischen dem ersten und dritten Gesetz, die – wie wir sehen – kartesischen Ursprungs sind, fügte Newton das Kraftgesetz ein. Doch nicht nur auf dieser allgemeinen Ebene, sondern auch in zahlreichen technischen Details lässt sich eine enge Beziehung zwischen Newtons und Descartes' Systemen nachweisen. So kann etwa Newtons Begriff des absoluten Raums, zusammen mit seinem berühmten Argument des rotierenden Eimers, als kritische Reaktion Newtons auf Descartes' Begriff der relativen Bewegung verstanden werden.[4] Andrew Janiak schreibt in seinem Buch *Newton* in der Einleitung zu Kap. 4, betitelt *Newton's struggle with Descartes:* „Descartes' *Principia Philosophiae* (1644) bildet den wesentlichen Hintergrund für Newtons Entwicklung seiner ausgereiften Auffassung von Raum, Zeit und Bewegung in den *Principia Mathematica* 43 Jahre später. Newton betrachtete Descartes' *Principia* als den zentralen Text der Naturphilosophie, der es wert war, interpretiert, kritisiert und schließlich überwunden zu werden" (Janiak 2015, S. 63). Dass Newton Descartes so ernst nahm, ist ein weiteres Argument für die These, dass Descartes' Physik mathematisch war.

[2] Ich behaupte nicht, dass Descartes' Beschreibung der Wechselwirkung funktioniert. Newton hat schlüssig gezeigt, dass sie im Allgemeinen nicht funktioniert. Ich möchte lediglich behaupten, dass es sich um ein *nicht funktionierendes* System der *mathematischen* Physik handelt.

[3] Newton gibt dieses Gesetz von Descartes als Korollar 3 zum dritten Bewegungsgesetz an.

[4] Descartes war von der Richtigkeit des kopernikanischen Systems überzeugt, das den Hintergrund von *Le Monde* bildet. Als er 1633 von Galileis Verurteilung erfuhr, entschied er sich, *Le Monde* nicht zu veröffentlichen. In einem Brief vom 26. April 1643 schrieb er an Mersenne über ein neues Verständnis von Bewegung, demzufolge Bewegung eine Veränderung ist, bei der ein Körper die Nähe anderer Körper verlässt. Nach Machamer und McGuire ist dies die erste Erwähnung von Descartes' neuer Definition der Bewegung als relative Verschiebung (Machamer und McGuire 2009, S. 135). Diese ermöglicht es, von einer Bewegung der Erde relativ zur Sonne zu sprechen und gleichzeitig ihre Unbeweglichkeit zu behaupten. Dadurch konnte Descartes einen Großteil des Materials aus *Le Monde* (nach entsprechenden Überarbeitungen) in die *Principia* einfügen. Newton nutzte das Argument mit dem Eimer, um die Idee der Relativität der Rotationsbewegung zu widerlegen. Allerdings ist fraglich, inwieweit Descartes tatsächlich an die Relativität der Bewegung glaubte und inwieweit es sich um ein Verschleierungsmanöver handelte, das ähnlich erfolgreich war wie die These von der Angeborenheit der Gottesidee.

Das dritte Argument für den mathematischen Charakter der Physik Descartes' ergibt sich aus dem Vergleich mit der Hydrodynamik. Dass Descartes seine Physik verbal formuliert, ist völlig legitim. Nach seiner Auffassung sind Körper in einen Wirbel aus feiner Materie eingebettet (den er postulieren muss, um die Gravitation zu erklären), sodass die resultierende Bewegung kompliziert ist und galileische Vereinfachungen keinen Sinn ergeben. Ein Blick in *An Album of Fluid Motion* (van Dyke 1982) genügt, um die Aussichtslosigkeit zu erkennen, etwas Besseres als eine qualitative, verbale Beschreibung zu finden. Niemand würde jedoch Milton van Dyke vorwerfen, er vertrete einen verbalen, holistischen und diskursiven Ansatz in der Hydrodynamik. Die Hydrodynamik ist eine äußerst komplexe Disziplin – wie etwa die Kármán-Wirbel zeigen, mit denen van Dyke seine Sammlung von 279 Fotografien eröffnet (siehe auch Abb. 94, 95, 96 und 97 im *Album* als Beispiele für dieses hydrodynamische Phänomen). Schlägt man Lehrbücher der Hydrodynamik auf, etwa von Mises (1958), Birkhoff (1960) oder Landau und Lifschitz (1987), ist die Lage nicht besser. Wenn die Wechselwirkung zwischen Körpern durch Berührung erfolgte, wie Descartes annahm, und die Gravitation durch den Wirbel feiner Materie verursacht wäre, ließe die Mathematik nicht mehr als eine qualitative Beschreibung zu. Descartes erkannte dies sehr richtig: Nur die einfachsten Grundprinzipien lassen sich mathematisch beschreiben, die Beschreibung komplexer Phänomene entzog sich damals wie heute einer detaillierten mathematischen Darstellung. Descartes konnte nicht ahnen, dass Newton einen Kunstgriff ersinnen würde, nämlich die Fernwirkung von Kräften, der all diese hydrodynamischen Schwierigkeiten umging.[5]

Das vierte und letzte Argument für die These, dass die Physik Descartes' eine mathematische Physik ist, besteht darin, dass ein Fragment davon noch immer Teil der Lehrveranstaltungen zur klassischen Mechanik ist.[6] Beim Lesen von *Mechanik* (Landau und Lifschitz 1976) stieß ich auf etwas Bemerkenswertes. Nach fünfzig Seiten, die der Darstellung des Lagrangeschen Formalismus gewidmet sind, folgt Kap. 4, das den Teilchenstößen gewidmet ist. Dort ist weder von der Lagrange-Funktion die Rede, noch werden Differentialgleichungen gelöst; vielmehr werden Stöße ganz im kartesischen Geist anhand der Erhaltungsgesetze untersucht. Natürlich wird neben dem Impulserhaltungsgesetz auch das Energieerhaltungsgesetz verwendet, und der Impuls wird nicht wie bei Descartes

[5] Er umging sie insofern, als beim Zusammenwirken der wirkende Körper den anderen nicht berühren muss, sondern die Wirkung durch den Raum ohne materielle Vermittlung übertragen wird. Wenn die Wirkung nicht durch Berührung erfolgen muss, ist der Wirbel feiner Materie überflüssig. Die Gravitation wird durch eine Fernkraft erklärt, und wir sind von den hydrodynamischen Komplikationen der Mechanik befreit. Es ist ein Kunstgriff, ein genialer, aber dennoch ein Kunstgriff, der es Newton ermöglichte, eine Mechanik zu begründen, die sowohl auf ontologischer Ebene (wie bei Descartes) als auch auf phänomenologischer Ebene (wie bei Galilei) mathematisch ist. Dass Descartes diesen Kunstgriff nicht fand, berechtigt uns nicht, den mathematischen Charakter seiner Physik zu leugnen.

[6] Diese Tatsache hat meine Sicht auf die Physik Descartes' grundlegend verändert, als ich ihr vor einigen Jahren begegnete.

als Skalar, sondern als Vektor betrachtet. Doch das sind technische Einzelheiten. Der Gesamteindruck des Kapitels unterscheidet sich so sehr von allem, was davor oder danach kommt, dass man es mit gutem Gewissen als kartesisches Relikt bezeichnen kann. Die Einschätzung der kartesischen Physik durch die Wissenschaftshistoriker steht somit im Widerspruch zur Praxis der Wissenschaftler, die Descartes' intellektuelles Programm keineswegs für gescheitert halten und tatsächlich noch heute ein Fragment der kartesischen Physik lehren. Daher ist die kartesische Physik kein Irrtum, kein vergessenes Kapitel der Physikgeschichte. In Situationen wie Rutherfords Experiment zur Beschießung von Atomen mit α-Teilchen (die Herleitung der Rutherford-Formel ist das Hauptthema dieses Kapitels), in denen wir keine Kenntnis der wirkenden Kräfte haben, können wir weder Newtons Formalismus noch seine Lagrangesche Variante verwenden. Was wir jedoch weiterhin tun können, ist, auf Descartes zurückzugreifen. Das zeigt, dass Descartes' Art, die Wechselwirkung durch Erhaltungsgesetze in die physikalische Bewegungsbeschreibung einzuführen, funktioniert und in Ausnahmefällen noch heute verwendet wird – es handelt sich also weder um eine metaphysische Physik noch um eine Art diskursive Naturphilosophie. Landau und Lifschitz zeigen, dass es sich um eine vollwertige mathematische Physik handelt. Es ist also keineswegs ein letztlich gescheiterter Versuch, die Naturphilosophie zu mathematisieren, wie Schuster in Schuster (2013b, S. 56) behauptet. Zugegeben, sie ist bei weitem nicht so erfolgreich wie die Newtonsche, bietet aber dennoch eine erfolgreiche Mathematisierung des Rutherford-Experiments.

Zusammenfassung: Mit der These, dass die kartesische Physik eine mathematische Physik ist, behaupte ich nicht, dass sie in Umfang, Detailreichtum oder Anwendungsflexibilität mit der Newtonschen Physik gleichzusetzen oder auch nur vergleichbar wäre. Vergleicht man die 5325 Seiten des *Lehrbuchs der theoretischen Physik* von Landau und Lifschitz, das im Newtonschen Stil verfasst ist, mit den 21 Seiten von Kap. 4 des ersten Bandes, die im kartesischen Stil gehalten sind, ergibt sich ein ungefähres Verhältnis von 250:1, das die relative Bedeutung der beiden Ansätze ausdrückt. Dennoch verstehe ich die These in einem *qualitativen* Sinn, nämlich dass die kartesische Physik eine Theorie mit derselben Art von kompositorischer und deduktiver Synthese ist wie ihr Newtonsches Gegenstück. Es handelt sich um eine Theorie, die in der Lage ist, die zusammengesetzte Dynamik von Systemen mit mehreren Körpern (mittels Erhaltungsgesetzen) zu beschreiben und die zukünftigen Zustände des Systems (auf Grundlage von Stoßregeln) zu berechnen. Natürlich wenden Landau und Lifschitz die kartesische Physik auf ein einzelnes System an, im Gegensatz zu den vielen Hunderten von Systemen, die sie im Newtonschen Stil beschreiben. Dennoch sind es Theorien derselben Art, Theorien, die die Entwicklung des *Zustands* zusammengesetzter *Systeme wechselwirkender* Körper *berechnen.* Die galileische Physik war dazu nicht in der Lage. Deshalb schlage ich vor, die kartesische Physik als mathematische Physik zu bezeichnen.

Kapitel 7
Fazit

Schuster kritisierte Descartes' Methode, die er als „eine einzigartige, universelle, übertragbare und wirksame allgemeine Entdeckungs- und/oder Rechtfertigungsmethode für rationale Disziplinen" interpretierte (Schuster 2013a, S. 70). Die Anhäufung solcher absolutistischer Attribute macht Descartes' Methode unhaltbar. Werden diese Eigenschaften jedoch als Ausdruck der Begeisterung verstanden, die naturgemäß jede Entdeckung begleitet, so ist es wahrscheinlich, dass sie eher expressiv als deskriptiv sind und relativiert werden können. So kann *einzigartig* als außergewöhnlich, *universell* als breit anwendbar, *übertragbar* als auf benachbarte Gebiete übertragbar und *allgemein* als allgemeiner als die damaligen gängigen Praktiken verstanden werden. Diese relativierten Eigenschaften waren vom Autor der analytischen Methode gemeint. Es scheint, dass sie durch Schusters Darstellung in den Bereich ideologischer Verblendung und Demagogie verschoben werden. Mein Ziel in den Kap. 3 und 4 war es zu zeigen, dass Descartes viele Gründe hatte, von seiner Methode begeistert zu sein. Seine analytische Methode war tatsächlich außergewöhnlich, sie eröffnete Möglichkeiten für weitere Entdeckungen und war auf verschiedene Disziplinen übertragbar, beginnend mit der Geometrie, wo sie ihre Wirksamkeit bewies. Daher ist es interessanter, anstatt die absolutistische Karikatur von Descartes' Methode zu entlarven, ihren funktionalen Kern zu verstehen und ihre Entwicklung zu rekonstruieren.

Schuster entschied sich, die Wissenschaftliche Revolution *nicht* als Prozess der Mathematisierung der Natur zu interpretieren (d. h. als Entstehung einer Theorie, deren relationale, kompositorische und deduktive Synthese durch Mathematik ausgedrückt wird), sondern als Physikalisierung der Naturphilosophie (Schuster 2013a, S. 69–71). Er sah die Entwicklung von Descartes' Ansichten in einer Linie, die von der physiko-mathematischen Betrachtung über die Methode zur Naturphilosophie führt. Daher widmete er Descartes' Mathematik nicht so viel Aufmerksamkeit wie beispielsweise seiner Optik. Schuster verband die *mathesis universalis* mit der Arbeit mit dem Proportionszirkel, untersuchte jedoch weder die erkenntnistheoretischen Eigenschaften noch die mathematischen Möglichkeiten dieses Instruments (die weit größer waren, als Schuster darstellte), noch bot er eine Interpretation von Descartes' symbolischer Algebra und analytischer Geometrie an. Descartes präsentierte seine Version der symbolischen Algebra in

L. Kvasz, *Descartes über Mathematik, Methode und Bewegung*,
https://doi.org/10.1007/978-3-032-04684-0_7

La Géométrie. Deren Veröffentlichung im Jahr 1637 fällt außerhalb des Zeitraums 1618–1633, mit dem sich Schuster in seinem Buch befasste. Allerdings wurden mehrere Teile von *La Géométrie* bereits vor 1633 verfasst. Zudem berücksichtigt Schuster in seiner Interpretation von Descartes' Optik Passagen aus der *Dioptrik*, die zusammen mit *La Géométrie* veröffentlicht wurde. Die Interpretation von Descartes' Methode als literarischer Effekt ist meines Erachtens lediglich eine Folge der Vernachlässigung von Descartes' mathematischer Arbeit in Algebra und Geometrie, die das Modell für Descartes' Methode bilden.

Schusters Kritik an Descartes' Methode weist noch einen weiteren Mangel auf. Die Vorstellung, dass eine Methode aus einer Menge von Regeln besteht, die die *tatsächliche* Praxis einer *etablierten* Disziplin steuern, wobei ein Paradigma aus einem System von „Grundbegriffen [C], Metaphysik [M], Werkzeugen und Instrumenten [T], Relevanz- und Angemessenheitsstandards [S], Zielen und Zwecken [A] sowie Exemplaren [E]" besteht (Schuster 2013a, S. 282), ist eher befremdlich. Zunächst müssen wissenschaftliche Disziplinen erst etabliert werden. Viel mehr als das tatsächliche Funktionieren einer etablierten Disziplin zu steuern, spielt die Methode eine entscheidende Rolle im Prozess ihrer Etablierung. Gelingt es einer Disziplin, sich zu institutionalisieren, tritt der methodologische Diskurs in den Hintergrund. Im Fall der analytischen Geometrie, wie auch im Fall der mathematischen Physik, befand sich Descartes in einer Situation, in der noch keine etablierte Disziplin existierte, es war unklar, was die Grundbegriffe sein würden, wie die Ontologie zu konstruieren war, welche Instrumente benötigt wurden, welche Standards relevant wären, welche Ziele und Zwecke verfolgt werden sollten oder welche Exemplare im neuen Feld erfolgreich sein würden. Bei der Beantwortung dieser Fragen suchte Descartes Unterstützung in seiner Methode. Er nutzte die Methode als Leitfaden, um seine Entdeckung neuer Kurven zu konsolidieren, zu entscheiden, welche Teile der Theorie weiter ausgearbeitet werden sollten, wie die Grundkategorien zu wählen und wie die Prinzipien auszuwählen seien, auf denen die Theorie aufgebaut werden konnte. Aus dieser Perspektive erscheinen Descartes' methodische Regeln als eine vernünftige Wahl.

Schuster fasst Descartes' Entwicklung in den späten 1620er Jahren folgendermaßen zusammen: „Nach dem Scheitern der *Regulae* und damit der universellen Mathematik und Methode musste Descartes zu den beiden realen, aber weitgehend getrennten kulturellen Spielen zurückkehren, die seinem Talent zur Verfügung standen. Er zog sich auf eine isoliertere und unabhängigere, hochrangige analytische Mathematik zurück; und er wandte sich (wieder) getrennt dem Feld des naturphilosophischen Denkens zu" (Schuster 2013a, S. 589). Bemerkenswert an dieser (Re-)Konstruktion ist die Behauptung, dass die universelle Mathematik gescheitert sei und Descartes als Reaktion darauf in die analytische Mathematik zurückgekehrt sei. Doch gerade *das* charakteristische Merkmal der analytischen Mathematik ist ihre Universalität; analytische Mathematik ist sicher keine Art von konkreter Mathematik. Wir sehen, dass diese (Re-)Konstruktion nur möglich ist, weil Schuster Descartes' *mathesis universalis* zu eng auslegt, sie an den Proportionszirkel bindet und keine interne Entwicklung – weder technisch, konzeptionell noch strategisch – zulässt. Ebenso soll Descartes nach dem angeblichen

Zusammenbruch seiner Methode zur Arbeit in der Naturphilosophie zurückgekehrt sein. Auch dies kann nur behauptet werden, weil Schuster Descartes' Naturphilosophie als diskursive Disziplin (re-)konstruiert, die weder mit Methode noch mit Mathematik zu tun hat, ungeachtet von Descartes' wiederholten gegenteiligen Aussagen, die Schuster als Rhetorik interpretiert, um das Scheitern seines *Regulae*-Projekts zu verschleiern. Keine dieser (Re-)Konstruktionen ist überzeugend. Ich habe gezeigt, dass das *Regulae*-Projekt nicht gescheitert ist. Die analytische Mathematik war eine Form der *mathesis universalis,* und seine Naturphilosophie war eine Art mathematische Physik, die seine Methode und seine *mathesis universalis* zur Vollendung brachte.

Descartes war daher nicht nur ein Kämpfer (agónistés), sondern auch ein Sieger (nikétés). Sein Sieg war jedoch nur von kurzer Dauer. Innerhalb einer Generation wurde er von Newton übertroffen, der eine andere Art universeller Mathematik schuf, nämlich Differential- und Integralrechnung, mit deren Hilfe er eine völlig neue Form der Naturphilosophie auf mathematischer Grundlage entwickelte – die Beschreibung eines physikalischen Systems mittels *Zustand,* die Beschreibung einer Wechselwirkung mittels *Kräften* und die Beschreibung der zeitlichen Entwicklung eines Zustands mittels einer *Bewegungsgleichung* –, die seither in zahllosen Variationen unter den Namen Hydrodynamik, Thermodynamik, Elektrodynamik und Quantenmechanik das Paradigma physikalischer Forschung bildet. Doch der junge Newton war ein Cartesianer, und sein System der Naturphilosophie entstand, indem er die Mängel und Schwächen von Descartes' System beseitigte (siehe Kvasz 2012). Dass Newton Descartes' Beschreibung der Wechselwirkung als Ausgangspunkt für den Aufbau seiner Physik wählte (und nicht die von Galileo, Kepler oder Huygens), kann als Descartes' größter Triumph angesehen werden. Von Newton zerrissen zu werden, ist eine Ehre, die nur Descartes zuteilwurde.

Vielleicht ist es an der Zeit, Descartes' Methode und seine Naturphilosophie nicht länger zu entlarven, zu kritisieren und zu verwerfen, sondern seine Physik als die erste Darstellung der Wechselwirkung in der Geschichte der mathematischen Physik zu sehen. Mit Descartes, und nicht mit Galileo oder Huygens, beginnt der eigentliche Weg zu Newtons *Mathematischen Prinzipien der Naturphilosophie.*

Literatur

Adam, Charles and Paul Tannery (Hrsg. 1897–1909): *Oeuvres de Descartes*. Revised edition, 12 Bd, Vrin, Paris 1964–1976.

Aigner, Martin and Günter M. Ziegler (1998): *Proofs from THE BOOK*. 4. Aufl, Springer, Berlin 2010.

Aristotle (1973): *The Categories, On Interpretation, Prior Analytics*. Translated by H. P. Cooke and H. Tredennick, Loeb Classical Library 325, Harvard University Press, Cambridge Mass.

Birkhoff, Garrett (1960): *Hydrodynamics, A Study in Logic, Fact and Similitude*. Princeton University Press, Princeton, New Jersey.

Boole, George (1847): *The Mathematical Analysis of Logic*. Macmillan, Cambridge.

Bos, Henk J. M. (2001): *Redefining Geometrical Exactness, Descartes' Transformation of the Early Modern Concept of Construction*. Springer, New York.

Bos, Henk J. M. (2009): Descartes' attempt, in the Regulae, to base the certainty of algebra on mental vision – A conjectural reconstruction. In: Clark Glymour, Wang Wei and Dag Westerstahl (Hrsg.) *Proceedings of the Thirteenth International Congress of Logic, Methodology and Philosophy of Science*. College Publications, King's College London.

Brieskorn, Egbert and Horst Knörrer (1981): *Ebene algebraische Kurven*. Birkhäuser, Boston. English translation by John Stillwell: *Plane Algebraic Curves*. Birkhäuser, Basel 1986.

Broughton, Janet and John Carriero (Hrsg. 2008): *A Companion to Descartes*. Blackwell, Malden MA.

Busard, H. L. L. (1972): François Viète. In: *Dictionary of Scientific Biography*, edited by Charles Coulston Gillispie, Bd. XIV, Scribner, New York, S. 18–25.

Cardano, Gerolamo (1545): *Ars Magna, or the Rules of Algebra*. MIT Press, Cambridge, Mass. 1968.

Clarke, Desmond (2006): *Descartes. A Biography*. Cambridge University Press, Cambridge.

Cottingham, John (Hrsg. 1992): *The Cambridge Companion to Descartes*. Cambridge University Press, New York.

Cottingham, John, Robert Stoothoff and Dugald Murdoch (Hrsg. 1985a): *The Philosophical Writings of Descartes*, Bd. 1, Cambridge University Press, Cambridge.

Cottingham, John, Robert Stoothoff and Dugald Murdoch (Hrsg. 1985b): *The Philosophical Writings of Descartes*, Bd. 2, Cambridge University Press, Cambridge.

Courant, Richard and Herbert Robbins (1941): *What Is Mathematics? An Elementary Approach to Ideas and Methods*. Oxford University Press, New York.

Dahrendorf, Ralf (1990): *Reflections on the Revolution in Europe*. Chatto & Windus, London.

L. Kvasz, *Descartes über Mathematik, Methode und Bewegung*,
https://doi.org/10.1007/978-3-032-04684-0

Descartes, René (1637a): *Discours de la méthode.* Leyden. English translation by Robert Stoothoff: *Discourse on the Method.* In: Cottingham, Stoothoff and Murdoch Hrsg. 1985a, S. 111–151. Critical edition: Adam and Tannery Hrsg., Bd. 6, S. 1–78.

Descartes, René (1637b): *La Geometrie.* Leyden. English translation by David Eugene Smith and Marcia Latham: *The geometry of René Descartes.* The Open Court, Chicago, 1925. Reprinted by Dover, New York 1954. Critical edition: Adam and Tannery Hrsg., Bd. 6, S. 367–485.

Descartes, René (1641): *Meditationes de prima philosophia.* Paris. English translation by John Cottingham: *Meditations on First Philosophy.* In: Cottingham, Stoothoff and Murdoch Hrsg. 1985b, S. 1–62. Critical edition: Adam and Tannery Hrsg., Bd. 7, S. 1–90.

Descartes, René (1644): *Principia philosophiae.* Amsterdam. English translation by John Cottingham: *Principles of Philosophy.* In: Cottingham, Stoothoff and Murdoch Hrsg. 1985a, S. 177–291. Critical edition: Adam and Tannery Hrsg., Bd. 9, S. 1–329.

Descartes, René (1664): *Le Monde.* Paris. English translation by Stephen Gaukroger: *The World and Other Writings.* Cambridge University Press, Cambridge 1998. Critical edition: Adam and Tannery Hrsg., Bd. 11, S. 3–118.

Descartes, René (1701): *Regulae ad directionem ingenii.* Amsterdam. English translation by Dugald Murdoch: *Rules for the Direction of the mind.* In: Cottingham, Stoothoff and Murdoch Hrsg. 1985a, S. 7–78. Critical edition: Adam and Tannery Hrsg., Bd. 10, S. 359–472.

Drake, Stillman (Hrsg. 1957): *Discoveries and Opinions of Galileo.* Anchor Books, Doubleday, New York.

Euler, Leonhard (1748): *Introductio in analysin infinitorum.* Bousquet, Lausannae. English translation by J. Blanton: *Introduction to Analysis of the Infinite.* Springer Verlag 1988.

Field, Hartry (1980): *Science Without Numbers: A Defense of Nominalism.* Princeton University Press, Princeton.

Fourier, Joseph (1822): *The Analytical Theory of Heat.* Dover, New York 1955.

Frege, Gottlob (1891): Funktion und Begriff, in: Günther Patzig (Hrsg.) Frege *Funktion, Begriff, Bedeutung,* Vandenhoek & Ruprecht, Göttingen 1989, S. 17–39.

Gabbey, Alan (1980): Force and Inertia in the Seventeenth Century: Descartes and Newton. In: Gaukroger, S. (Hrsg.), *Descartes, Philosophy, Mathematics and Physics.* The Harvester Press, Sussex 1980, S. 230–320.

Gabbey, Alan (1985): The mechanical philosophy and its problems: Mechanical explanations, impenetrability, and perpetual motion. In: Pitt, J. C. (Hrsg.), *Change and Progress in Modern Science.* Reidel, Dordrecht, S. 9–84.

Gabbey, Alan (2002): Newton, active powers, and the mechanical philosophy. In: Cohen, I. B. and Smith, G. E. (Hrsg.), *The Cambridge Companion to Newton.* Cambridge University Press, Cambridge, S. 329–357.

Galilei, Galileo (1623): *Il Saggiatore.* Roma. English translation by Stillman Drake: *The Assayer.* In: Drake Hrsg. 1957, S. 229–280.

Galilei, Galileo (1638): *Discorsi i dimonstrazioni matematiche, intorno a due nuove scienze; attenenti alla mecanica i movimenti locali.* Leiden. English translation by Stillman Drake: *Two new sciences. Including centers of gravity and force of percussion.* University of Wisconsin Press, Madison, 1974.

Garber, Daniel (1992): *Descartes' metaphysical physics.* The University of Chicago Press, Chicago.

Garber, Daniel (2000): A different Descartes. Descartes and the programme for a mathematical physics in his correspondence. In: Gaukroger, Schuster and Sutton, Hrsg. 2000, S. 113–130.

Garber, Daniel (2001): *Descartes Embodied. Reading Cartesian Philosophy through Cartesian Science.* Cambridge University Press, Cambridge.

Gaukroger, Stephen (Hrsg. 1980): *Descartes, Philosophy, Mathematics and Physics.* The Harvester Press, Sussex.

Gaukroger, Stephen (1995): *Descartes. An Intellectual Biography.* Clarendon Press, Oxford.

Gaukroger, Stephen (2000): Introduction. In Gaukroger et al. Hrsg. 2000, S. 1–25.

Gaukroger, Stephen (2003): *Descartes' System of Natural Philosophy.* Cambridge University Press, Cambridge.

Gaukroger, Stephen, (2008): Life and Works. In: Broughton and Carriero, Hrsg. 2008, S. 3–16.

Gaukroger, Stephen, John Schuster and John Sutton (Hrsg. 2000): *Descartes' Natural Philosophy*. Routledge, London.

Gaukroger, Stephen, John Schuster and John Sutton (2000): Introduction. In: Gaukroger, Schuster and Sutton, Hrsg. 2000, S. 1–25.

Hardy, Godfrey Harold (1940): *Ramanujan, twelve lectures on subjects suggested by his life and work.* Cambridge University Press, Cambridge.

Hintikka, Jaakko and Unto Remes (1974): *The Method of Analysis. Its Geometrical Origin and Its General Significance*. D. Reidel Publishing Company, Dordrecht.

Hooykaas, R. (1981): Isaac Beeckman. In: *Dictionary of Scientific Biography*, edited by Charles Coulston Gillispie, Bd. I, New York: Scribner, S. 566–568.

Janiak, Andrew (2015): *Newton.* Wiley-Blackwell, Chichester.

Klein, Jacob (1934 and 1936): Die Griechische Logistik und die Entstehung der Algebra. *Quellen und Studien zur Geschichte der Mathematik, Astronomie und Physik*. Bd. 3, fasc. 1, S. 18–105 and fasc. 2, S. 122–235. English translation by Eva Braun: *Greek Mathematical Thought and the Origin of Algebra.* M.I.T. Press, Cambridge, Mass. 1968.

Kvasz, Ladislav (2003): The mathematization of nature and Cartesian physics. *Philosophia Naturalis* **40**, S. 157–182.

Kvasz, Ladislav (2008): *Patterns of Change. Linguistic Innovations in the Development of Classical Mathematics.* Birkhäuser, Basel.

Kvasz, Ladislav (2012): Galileo, Descartes, and Newton – Founders of the Language of Physics. *Acta Physica Slovaca* 62, S. 519–614.

Kvasz, Ladislav (2019): How Can Abstract Objects of Mathematics Be Known? *Philosophia Mathematica* **27**, S. 316–334.

Lagrange, Joseph-Louis (1788): *Mécanique Analytique*. Paris. English translation by A. Boissonnade and V. N. Vagliente: *Analytical Mechanics*. Boston Studies in the Philosophy of Science, Kluwer 1998.

Landau, Lev Davidovich and Evgeny Mikhailovich Lifshitz (1976): *Mechanics. Course of Theoretical Physics* Bd. I, Translated from the Russian by J. B. Sykes and J. S. Bell, Butterworth-Heinemann, Oxford.

Landau, Lev Davidovich and Evgeny Mikhailovich Lifshitz (1987): *Fluid mechanics. Course of Theoretical Physics* Bd. VI, Translated from the Russian by J. B. Sykes and W. H. Reid, Butterworth-Heinemann, Oxford.

Landau, Lev Davidovich, Evgeny Mikhailovich Lifshitz and Lev Petrovich Pitajevskii (1984): *Electrodynamics of Continuous Media. Course of Theoretical Physics* Bd. VIII, Translated from the Russian by J. B. Sykes, J. S. Bell and M. J. Kearsley, Butterworth-Heinemann, Oxford.

Lifshitz, Evgeny Mikhailovich and Lev Petrovich Pitajevskii (1981): *Physical Kinetics. Course of Theoretical Physics* Bd. X, Translated from the Russian by J. B. Sykes and R. N. Franklin, Butterworth-Heinemann, Oxford.

Machamer, Peter and James Edward McGuire (2009): *Descartes's Changing Mind.* Princeton University Press, Princeton.

Mancosu, Paolo (2008): Descartes and mathematics. In: Broughton and Carriero, Hrsg. 2008, S. 103–141.

Miles, Murray (2008): Descartes's Method. In: Broughton and Carriero, Hrsg. 2008, S. 145–163.

Mises, Richard von (1958): *Mathematical Theory of Compressible Fluid Flow*. Academic Press, New York.

Nelson, Alan (2019): Descartes on the limited usefulness of mathematics. *Synthese* 196, S. 3483–3504.

Palmerino, Carla Rita and Johannes M. M. H. Thijssen (Hrsg. 2004): *The Reception of the Galilean Science of Motion in Seventeenth-century Europe*. Springer, Dordrecht.

Pólya, George (1962): *Mathematical discovery. On understanding, learning and teaching problem solving.* John Wiley, New York.

Rabouin, David (2010): What Descartes knew of mathematics in 1628. *Historia Mathematica* **37**, S. 428–459.

Rabouin, David (2016): Mathesis Universalis et Algébre Générale dans les Regulae at Directionem Ingenii de Descartes. *Revue d'histoire des sciences*, Bd. 69, S. 259–309.

Rabouin, David (2018): Logic of imagination. Echoes of Cartesian Epistemology in contemporary philosophy of mathematics and beyond. *Synthese* Bd. 195, S. 4751–4783.

Ranea, Alberto Guillermo (2000): A 'science for honnêtes hommes'. La Recherche de la Vérité and the destruction of experimental knowledge. Gaukroger et al. Hrsg. 2000, S. 313–329.

Reiss, Timothy (2000): Neo-Aristotle and method. Between Zabarella and Descartes. In: Gaukroger et al. Hrsg. 2000, S. 195–227.

Riemann, Bernhard (1868): *Über die Hypothesen, welche der Geometrie zu Grunde liegen*. Aus dem Nachlass des Verfassers mitgetheilt durch Richard Dedekind. *Abh. Ges. Gött. Math. Kl* **13**(1868), S. 133–152. *Werke*, Teubner-Verlag, Leipzig, 1876, S. 254–269.

Robinson, Abraham (1965): *Non-Standard Analysis*. North-Holland Publ. Comp., Amsterdam.

Roux, Sophie (2004): Cartesian Mechanics. In: Palmerino and Thijssen, Hrsg. 2004, S. 25–66.

Sasaki, Chikara (2003): *Descartes's Mathematical Thought*. Springer, Dordrecht.

Schuster, John Andrew (1980): Descartes' *Mathesis Universalis*: 1619-28. In: Gaukroger 1980, S. 41–96.

Schuster, John Andrew (1986): Cartesian method as mythic speech: a diachronic and structural analysis. In: Schuster and Yeo, Hrsg. 1986, S. 33–95.

Schuster, John Andrew (1993): Whatever Should We Do with Cartesian Method?—Reclaiming Descartes for the History of Science. In: Voss, Hrsg. 1993, S. 195–223.

Schuster, John Andrew (2013a): *Descartes–Agonistes, Physico-mathematics, Method & Corpuscular-Mechanism 1618-33*. Springer, Dordrecht.

Schuster, John Andrew (2013b): Cartesian Physics. In: Jed Z. Buchwald and Robert Fox (Hrsg.) *The Oxford Handbook of the History of Physics*. Oxford University Press, Oxford, S. 56–95.

Schuster, John Andrew and Richard R. Yeo (Hrsg. 1986): *The Politics and Rhetoric of Scientific Method*. D. Reidel Publishing Company, Dordrecht.

Schuster, John Andrew and Judit Brody (2012): Descartes and Sunspots: Matters of Fact and Systematizing Strategies in the *Principia Philosophiae*. *Annals of Science*, Bd. 70(1), S. 1–45.

Shea, William René Joseph (1991): *The Magic of Numbers and Motion, The Scientific Career of René Descartes*. Canton MA, Science History Publications.

Sommerfeld, Arnold (1944): *Mechanik. Vorlesungen über theoretische Physik, Band I.* Akademische Verlag-gesellschaft Geest und Portig, Leipzig.

Sommerfeld, Arnold (1947): *Partielle Differentialgleichungen der Physik. Vorlesungen über theoretische Physik, Band VI.* 3. Aufl, Akademische Verlaggesellschaft Geest und Portig, Leipzig 1954.

Štoll, Ivan, Jiří Tolar and Igor Jex (2017): *Klasická teoretická fyzika*. (Classical theoretical physics; in Czech) Karolinum, Praha.

Thirring, Walter (1988): *Klassische Dynamische Systeme. Lehrbuch der Mathematischen Physik Band 1.* Springer Verlag, Wien.

Thirring, Walter (1998): *Quantenmechanik großer Systeme. Lehrbuch der Mathematischen Physik Band 4.* Springer Verlag, Wien.

van Berkel, Klaas (2000): Descartes' debt to Beeckman. In: Gaukroger et al., Hrsg. 2000, S. 46–59.

van Dyke, Milton (1982): *An Album of Fluid Motion*. The Parabolic Press, Stanford, California.

Viète, François (1591): *In Artem Analyticem Isagoge*. Tours. English translation by T. Richard Witmer. In: *The Analytic Art*. The Kent State University Press, Kent, Ohio 1983, S. 11–32.

Viète, François (1615): *De aequationum recognitione et emendatione tractatus duo*. English translation by T. Richard Witmer. In: *The Analytic Art*. The Kent State University Press, Kent, Ohio 1983, S. 159–310.

Voss, Stephen (Hrsg. 1993): *Essays on the Philosophy of Science of René Descartes*. Oxford University Press, New York.

Vopěnka, Petr (1979): *Mathematics in the alternative set theory*. Teubner, Leipzig.

FSC
www.fsc.org
MIX
Papier | Fördert gute Waldnutzung
FSC® C083411

Kolibri 360 GmbH
Ferdinand-Jühlke-Straße 7
99095 Erfurt, Deutschland
produktsicherheit@kolibri360.de